持続可能な乾燥地農業のために
― 土壌塩類化防止と塩類土壌修復 ―

Toward Sustainable Dryland Agriculture
―Preventing Salt Accumulation in Soil and Remediating Salt-affected Soil―

監修：鳥取大学乾燥地研究センター
編著：藤山 英保

技報堂出版

書籍のコピー，スキャン，デジタル化等による複製は，
著作権法上での例外を除き禁じられています。

はじめに

　我が国の年平均降水量は1 700 mm程度で，世界平均の800 mmの2倍以上である。鳥取県の年降水量は1 900 mm程度と我が国の平均よりも多く，鳥取砂丘は砂漠ではなく，乾燥地でもない。乾燥地とは単に乾燥した土地ではなく，降水量や蒸発量等によって極乾燥地域，乾燥地域，半乾燥地域，乾燥半湿潤地域の四つに区分されており，乾燥した土地の総称である。乾燥地は世界の土地の41％を占め，世界人口の1/3が住む。乾燥地では，乾燥の程度や気温に応じてさまざまな形態の農業が行われており，乾燥地独特の作物もあるが，湿潤地と同様の穀類，野菜類，果樹類も多く栽培されている。乾燥地で行われている農業は実は人類にとって大変重要であり，それなくして世界人口を養うことはできない。むしろ乾燥地こそが世界人口を養うのに重要な位置を占めている。アメリカ中西部の大穀倉地帯は乾燥地である。中南米，ヨーロッパ，オーストラリア，中国の大農業地帯も乾燥地である。我が国は米国の乾燥地グレートプレーンズで栽培されたトウモロコシ，コムギ，ダイズを多く輸入しており，国民の食生活は乾燥地農業に依存していると言っても過言ではない。

　乾燥地は豊富な日射が作物の光合成，すなわち作物生産に有利である。また，砂漠の気候に象徴されるように昼夜の寒暖差が大きく，夜間の呼吸が少ない。これも作物生産に有利である。さらに，病害・病虫・雑草が少ないので農薬使用量が少ない。これらのことは乾燥地が農業の適地であることを意味している。逆に湿潤地は農業の不適地である。乾燥地農業に携わる我々が指摘されるのは「乾燥地のような不利な条件で農業をやるよりは日本のような湿潤地で農業をやるほうがいいのでは」であるが，誤解である。しかし，その有利性を生かすには湿潤地以上にきめ細かい農業技術を必要とする。それが実行されないと，土壌が劣化し，場合によっては砂漠化につながる環境

破壊をもたらす。

　乾燥半湿潤地域を除く乾燥地では作物栽培に灌漑が必須である。しかし，農業での過剰な水消費がもたらす環境破壊として，アフリカのチャド湖や中央アジアのアラル海の縮小，アメリカ合衆国中部のオガララ帯水層の減少などがよく知られている。一方，乾燥地農業の現場で最も大きな問題は，水不足を別として，土壌の塩類集積がもたらす作物の塩害である。塩害地は放棄され，砂漠化につながる。砂漠化とは「植生に覆われた土地が不毛地になっていく現象」と定義されており，その87％が人為的な要因によるものとされている。人為的要因の主な原因の一つが過剰灌漑による塩類集積である。塩類集積がもたらす作物の塩害は乾燥地とは無縁の我が国においても発生することがある。降雨が遮断されるハウス内や海浜の農地では塩害が発生する。東日本大震災の津波で植物が枯死した原因は塩害である。

　乾燥地の土地利用の大部分は放牧地である。降水量が増すにつれて耕地の割合が高くなる。本書では放牧は取り扱わず，耕地，すなわち作物栽培に限り，土壌塩類化の防止と塩類土壌の修復および利用について述べる。まず，塩害の発生に至る土壌への塩類集積，作物の耐塩性，塩害発生の抑制技術を紹介し，持続可能な乾燥地農業を提案する。第1章では世界の乾燥地の分布と各乾燥地の特徴を述べる。第2章では乾燥地で行われている農業の形態と主要作物について述べる。第3章では土壌の塩類集積に至る水と塩の挙動について述べる。第4章では土壌中の塩類が植物の生理に及ぼす影響，塩に対する作物の抵抗性すなわち耐塩性の生理機構，および塩を生育に必要とする好塩性植物群の生理について述べる。第5章では土壌への塩類集積を軽減・修復する物理学的手法，塩害を軽減する化学的手法，好塩性植物群を利用した土壌塩類化の防止と塩類集積土壌の修復手法，植物共生微生物を用いた植物の耐塩性向上について述べる。第6章では第5章までの内容を総合して持続可能な乾燥地農業を提案する。近年，国際連合食糧農業機関（FAO）は乾燥地養殖を推進している。乾燥地は発展途上国が多く，人口増加率が高い。そこに住む人々に動物性タンパク質を供給することが目的である。乾燥地養殖と作物栽培を組み合わせ，単位水量あたりの食料生産を向上させる試みも紹介する。

はじめに

　2015年の国連サミットで採択された持続可能な開発目標（Sustainable Development Goals：SDGs）（2016～2030）はミレニアム開発目標（Millennium Development Goals：MDGs）（2001～2015）を前身とするものである。SDGs では17の目標が設定されたが、その中には「飢餓に終止符を打ち、食料の安定確保と栄養状態の改善を達成するとともに、持続可能な農業を推進する」「陸上生態系の保護、回復および持続可能な利用の推進、森林の持続可能な管理、砂漠化への対処、土地劣化の阻止および逆転、ならびに生物多様性損失の阻止を図る」と本書と同じ目標が設定されている。

　乾燥地農業は貧困や飢餓を抱える乾燥地のみならず、我が国のような湿潤地域に住む人々に対する食料の供給にとってもますます重要となる。また、地球温暖化の進行は主要作物、特にトウモロコシやダイズの収量の低下を招くと予測されている。持続的な乾燥地農業の達成は不可欠である。本書がそれに多少とも貢献できれば幸いである。

　本書は鳥取大学乾燥地研究センター長の山中典和博士の勧めで計画されたものである。乾燥地の塩害に詳しい著者に恵まれ、完成することができたのは幸いである。また、鳥取大学の馬場貴志博士と蕪木絵実博士には本書の取りまとめに多大な協力をいただいた。感謝申し上げる。また、本書刊行の申し出を快諾され、編集に大きな力を貸していただいた技報堂出版株式会社および同社編集部長石井洋平氏と伊藤大樹編集部員に感謝申し上げる。

2019年2月

藤山　英保

目　次

第1章　乾燥地の分布と特徴　　1
1.1　乾燥地の分布　　1
1.2　世界の乾燥地の特徴と農業　　4

第2章　乾燥地農業　　11
2.1　灌漑水源　　11
2.2　灌漑農業　　18
2.3　降雨依存（無灌漑）農業　　22
2.4　洪水農業　　24

第3章　乾燥地土壌における塩類動態と塩類集積　　27
3.1　乾燥地域の土壌劣化（土壌塩類化）　　27
3.2　乾燥地土壌の断面内に分布する塩類　　29
3.3　乾燥地域に分布する灌漑水　　31
3.4　乾燥地域に分布する二つの劣化土壌　　36
3.4.1　塩性土壌とソーダ質土壌　　36
3.4.2　塩性土壌の特徴と生成機構　　38
3.4.3　ソーダ質土壌の特徴と生成機構　　42
3.5　土壌診断　　46
3.5.1　野外における土壌診断　　47
3.5.2　乾燥地における土壌診断　　49

3.5.3　土壌の化学性 ……………………………………………… 51
　　3.5.4　土壌中の塩類濃度 ………………………………………… 52
　　3.5.5　土壌の pH ………………………………………………… 55
　　3.5.6　簡易な土壌診断機器 ……………………………………… 56
　3.6　乾燥地域に分布する土壌の特徴と土壌塩類化の実態 ……… 56
　　3.6.1　大規模灌漑農業開発によってもたらされた土壌劣化
　　　　　カザフスタン・シルダリア川下流域 ……………………… 57
　　3.6.2　土壌保全の鍵を握る節水灌漑
　　　　　メキシコ・カリフォルニア半島 …………………………… 59
　　3.6.3　土壌の性質によって異なる土壌塩類化
　　　　　中国・陝西省・洛恵渠灌漑区の農地 ……………………… 61
　3.7　土壌塩類化に対する今後の農地管理のあり方 ……………… 64

第4章　植物の塩応答　　　　　　　　　　　　　　69

　4.1　塩害発生機構 ……………………………………………………… 69
　　4.1.1　塩ストレスによる吸水阻害と浸透圧ストレス …………… 70
　　4.1.2　塩ストレスによる特異的なイオンの吸収と
　　　　　イオンストレス ……………………………………………… 83
　　4.1.3　塩ストレス下における活性酸素種の発生と
　　　　　酸化ストレス ………………………………………………… 88
　4.2　耐塩性機構 ………………………………………………………… 92
　　4.2.1　塩類腺，塩類嚢によるナトリウムイオンの排除 ………… 93
　　4.2.2　ナトリウムイオンの取り込み・輸送と排除 ……………… 95
　　4.2.3　浸透調節と耐塩性 …………………………………………… 99
　　4.2.4　活性酸素の消去と耐塩性 …………………………………… 105
　　4.2.5　植物ホルモンと耐塩性 ……………………………………… 109
　4.3　植物の好塩性 ……………………………………………………… 113
　　4.3.1　塩濃度と植物の生育 ………………………………………… 113
　　4.3.2　好塩性植物 …………………………………………………… 115

4.3.3　好塩性機構 …………………………………………………… 116
4.3.4　好塩性機構に関する知見 …………………………………… 119
4.3.5　耐塩性と好塩性 ………………………………………………… 126

第5章　塩類集積の防止と塩類土壌修復　137

5.1　物理学的手法を用いた防止と修復 …………………………… 137
5.1.1　土壌面蒸発の抑制 ……………………………………………… 137
5.1.2　表面剥離法による除塩 ………………………………………… 139
5.1.3　塩類捕集シートによる除塩 …………………………………… 141
5.1.4　リーチングによる除塩 ………………………………………… 142
5.1.5　より効率的なリーチングのために …………………………… 145

5.2　化学的手法を用いた防止と修復 …………………………… 147
5.2.1　塩性土壌の改良 ………………………………………………… 147
5.2.2　ソーダ質土壌の改良 …………………………………………… 147
5.2.3　アルカリ性化を伴ったソーダ質土壌の改良 ………………… 153
5.2.4　土壌塩類化の防止と塩類集積土壌の修復 …………………… 154

5.3　植物を用いた防止と修復 ……………………………………… 155

5.4　微生物を用いた防止と修復 …………………………………… 162
5.4.1　菌根菌の生態と塩類土壌修復への利用 ……………………… 162
5.4.2　根圏細菌の生態と塩類土壌修復への利用 …………………… 170
5.4.3　内生菌の生態と塩類土壌修復への利用 ……………………… 174

第6章　持続可能な乾燥地農業のために　185

6.1　節　水 …………………………………………………………… 188
6.2　土壌の塩類化とソーダ質化の防止 …………………………… 188
6.3　塩類土壌の修復 ………………………………………………… 190
6.3.1　物理学的手法を用いた修復 …………………………………… 190
6.3.2　化学的手法を用いた修復 ……………………………………… 190

6.3.3　植物を用いた修復 ……………………………………… 191
　　　6.3.4　微生物を用いた修復 …………………………………… 192
　6.4　まとめ ……………………………………………………………192

　索　引 ……………………………………………………………………197

執筆者一覧

はじめに
　　鳥取大学乾燥地研究センター　藤山英保（ふじやま　ひでやす）

第1章
　　鳥取大学乾燥地研究センター　藤山英保

第2章
　　鳥取大学乾燥地研究センター　藤山英保

第3章
　　鳥取大学農学部　遠藤常嘉（えんどう　つねよし）

第4章
　4.1
　　広島大学大学院生物圏科学研究科　実岡寛文（さねおか　ひろふみ）
　4.2
　　広島大学大学院生物圏科学研究科　実岡寛文
　4.3
　　鳥取大学乾燥地研究センター　藤山英保

第5章
　5.1
　　鳥取大学乾燥地研究センター　藤巻晴行（ふじまき　はるゆき）
　5.2
　　鳥取大学農学部　遠藤常嘉
　5.3
　　鳥取大学乾燥地研究センター　藤山英保
　5.4.1
　　鳥取大学乾燥地研究センター　谷口武士（たにぐち　たけし）
　5.4.2
　　山梨大学生命環境学部　片岡良太（かたおか　りょうた）

第6章
　　鳥取大学乾燥地研究センター　藤山英保

第 1 章
乾燥地の分布と特徴

1.1 乾燥地の分布

　世界の乾燥地は乾燥度指数（Aridity Index：AI）によって四つの亜型に区分される（**表 1.1**）[1]。AI は年間降水量（P）を年可能蒸発散量（Potential evapotranspiration：PET）で割った値である。蒸発散量（Evapotranspiration）とは土壌表面からの蒸発量（Evaporation）と植物表面から蒸発する蒸散量（Transpiration）を合わせた量である。可能蒸発散量とは「短い緑草で地表面を覆われた土壌中に，水分が十分に存在する場合，地表面と植物を通して蒸発および蒸散する水の量」である[2]。AI < 0.05 は最も乾燥した地域で，極乾燥地域（Hyperarid）と呼ばれる。0.05 ≦ AI < 0.20 は乾燥地域（Arid）と呼ばれる。0.20 ≦ AI < 0.50 は半乾燥地域（Semiarid）と呼ばれる。乾燥地域と半乾燥地域には雨季と乾季があり，冬雨型の地域は夏雨型よりも蒸発量が少ないので降水量は少なくても同じ亜型になる。0.50 ≦ AI < 0.65 は乾

表 1.1　乾燥地の統計データ

亜型	乾燥度指数	2000 年時点の面積		優占生物群系	2000 年時点の人口	
		面積 [$\times 10^6$ km^2]	陸地面積に対する割合 [%]		全体 [千人]	世界人口に対する割合 [%]
極乾燥	< 0.05	9.8	6.6	砂漠	101 336	1.7
乾燥	0.05 - 0.20	15.7	10.6	砂漠	242 780	4.1
半乾燥	0.20 - 0.50	22.6	15.2	草地	855 333	14.4
乾燥半湿潤	0.50 - 0.65	12.8	8.7	林地	909 972	15.3
合計		60.9	41.1		2 109 421	35.5

燥半湿潤地域（Drysubhumid）と呼ばれる。かろうじて灌漑なしに農業ができる地域であり，降雨依存（無灌漑）農業という形態の農業が行われている。0.65 ≦ AI は湿潤地域（Humid）である。我が国の国土はすべて湿潤地域である。四つの乾燥地域を合わせると 6 000 万 km² で世界の陸地の 41.3% を占める。そこには世界人口の 3 分の 1 にあたる 21 億人が暮らしている。その 90% が発展途上国に住んでいる。一人あたりの GDP が低く，乳幼児死亡率が高いなど，人間の福利のレベルが低い[3]。一方で，乾燥地では世界の食料の 44% が生産されている[3]。乾燥地の分布を図 1.1 に示す。乾燥地域は砂漠の周辺，半乾燥地域は乾燥地域の周辺，乾燥半湿潤地域は半乾燥地域の周辺に形成される。湿潤地域は乾燥半湿潤地域の周辺に存在することがわかる。

四つの乾燥地域の分類とは異なるが，砂漠（Desert）と呼ばれる地域がある。砂漠は篠田[4]によると，年降水量 200 mm あるいは 254 mm（10 インチ）以下の地域に対応する。おおよそ極乾燥地域と乾燥地域の範囲と見なされる（表 1.1）。砂漠の形成には場所ごとに四つの原因がある。第 1 が南北回帰線付近に形成される砂漠であり，最も面積が大きい。赤道では上昇気流が発生

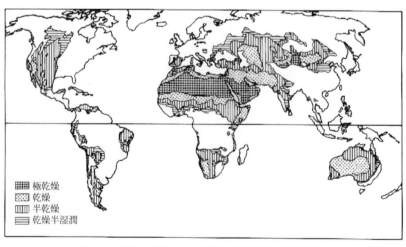

図 1.1　世界の乾燥地の分布（提供：鳥取大学・北村義信）

するために直下の地域には大量の降雨があり，熱帯雨林が形成される。雨を降らせたあとの乾燥した空気は南北20～30度帯（亜熱帯高圧帯）に吹き降り，砂漠が形成される。サハラ，中近東（アラビア半島・イラン），オーストラリア，メキシコの砂漠がこれに相当する（**写真1.1**）。第2は大陸の内部に形成される砂漠である。海岸から遠く離れている地域は空気に含まれる水分が少ないために降雨が少なく，砂漠となる。中国・新疆ウイグル自治区のタクラマカン砂漠がその代表である（**写真1.2**）。第3は寒流によって形成される砂漠である。海水温が低いと地表付近の空気が冷やされる。空気は温度の低い層が下にあるときに安定し，上昇気流は発生しにくいために降雨が極端に少なくなり，砂漠が形成される。アフリカのナミブ，南アメリカのアタカマ，メキシコ・カリフォルニア半島などである（**写真1.3**）。第4は高い山脈の風下に形成される砂漠である。山脈を吹き上がる風は雨や雪として水分を放出し，反対側に吹き降りる空気は水分を含まない。いわゆるフェーン現象である。アンデス山脈東部のアルゼンチンのパタゴニアが代表である。木村[5]によると，表1.1の概念を用いると砂漠は全陸地面積のおよ

写真1.1 草1本生えていないイランのルート砂漠（撮影：藤山英保）

写真1.2 中国・新疆ウイグル自治区タクラマカン砂漠の砂丘（撮影：藤山英保）

写真1.3 メキシコ・カリフォルニア半島のビスカイノ砂漠（撮影：藤山英保）

そ 17％を占める。

　以上述べたように世界のすべての大陸は乾燥地を有している。乾燥地に住む人々は農業を営むために，まず水を獲得する技術，その水を有効に作物生産に結びつける技術を用いてきた。草木が 1 本もない砂漠でも農業は可能である。乾燥地で長く行われてきた農法は持続可能ではあるが，概して収量が低い。2018 年現在で 76 億人の世界人口は 2050 年には 98 億人に達すると予測されている。伝統的な農法で世界人口を養うことは困難である。しかし，乾燥地で近代的な農法を持続可能にするためには，本書で紹介するように塩害を克服しなければならない。

1.2　世界の乾燥地の特徴と農業

　1.1 で述べたように世界の砂漠は形成された原因が異なり，気象の特徴が異なる。その周囲に分布する乾燥地域も四つの区分だけで特徴を述べることはできない。自然植生はそれぞれに特徴的であり，農業形態も異なる。特に農業形態・農産物はそこに住む人々の伝統的な食生活が大きく関わる。むしろ気象の特徴が結果的に特徴的な農業形態・農産物を作り上げたのであろう。

　砂漠である極乾燥地域や乾燥地域では天水を利用した農業はできない。しかし，周辺の環境が農業を可能にする地域が世界に存在する。世界のいくつかの事例を紹介する。

　中国の内蒙古自治区からモンゴル共和国に広がるゴビ砂漠は面積が 130 万 km^2 で，世界で 4 番目に大きい。ゴビ砂漠では草原を利用した放牧が行われている（**写真 1.4**）。標高が 1 000 m 以上の高原で，ゴビ砂漠はモンゴル語で「砂礫を含むステップ」である。内陸であるため，気温の季節間差，昼夜間差が大きく農業には適さない。海に至る河川は黄河しかなく，灌漑に利

写真 1.4　中国・内蒙古自治区のゴビ砂漠
　　　　　（撮影：藤山英保）

用できる河川は少なく、さらに塩湖に注いでいるので、灌漑に利用するのは難しい。ゴビ砂漠周辺の降水量自体は農業が可能な地域でも、上の理由で放牧が行われていた。清朝以降漢民族による農耕地化は、本来農耕に適さない土地を荒廃させ、砂漠化をもたらしたとされる[6]。農耕地化の拡大は1頭

写真 1.5 天山山脈を背景にしたワタ畑（中国・新疆ウイグル自治区）（撮影：藤山英保）

のヒツジあたりの牧草地を減少させ、過放牧状態をもたらしたことも砂漠化の原因となっている。

　タクラマカン砂漠（34万 km^2）を含むタリム盆地（56万 km^2）は中国新疆ウイグル自治区に属する。海岸から遠く離れており、空気に含まれる水分が少ないために降雨が少ないが、北は天山山脈、南は崑崙山脈の存在が農業を支えている。この地域では雪解け水を利用したブドウ、コムギ、ウリ、スイカ、ワタ（**写真 1.5**）の栽培が盛んである。灼熱の町トルファンでは天山山脈の雪解け水を利用したカレーズ（イランではカナート、2.1 で紹介）でオアシスが形成されている。トルファンではブドウ生産が盛んで、生産量は自治区で最も多い（**写真 1.6**）。自治区都のウルムチではいろいろな種類の干ブドウが売られている（**写真 1.7**）。また、ハミでは多種類のウリ類が売られているが、現地の人はどれもハミウリと言う。特定の品種ではないので

写真 1.6　中国・新疆ウイグル自治区トルファン市内のブドウ並木（撮影：藤山英保）

写真 1.7　中国・新疆ウイグル自治区ウルムチ市のバザールの干しブドウ売り場（撮影：藤山英保）

写真 1.8　中国・新疆ウイグル自治区哈密（ハミ）付近のウリ屋台（撮影：藤山英保）

あろうか（**写真 1.8**）。タクラマカン砂漠縦断公路の道路沿いに点滴灌漑でヒユ科（旧アカザ科）の梭梭（*Haloxylon ammodendron*）が飛砂防止の目的で植えられている（**写真 1.9**）。耐塩性強とされているが，塩が析出する中で健全に生育しているので，4.3 で紹介する好塩性植物の可能性もある。

　アラビア半島やイランの砂漠は乾燥した空気が南北 20 〜 30 度帯（亜熱帯高圧帯）に吹き降りて形成されたものである。イスファハン州の州都イスファハンは年降水量が 100 mm 程度の乾燥地であるが，イラン西部のザグロス山

写真 1.9　中国・新疆ウイグル自治区タクラマカン砂漠の飛砂防止用梭梭（*Haloxylon ammodendron*）林（撮影：藤山英保）

脈由来のオアシス都市である。コムギや野菜のほか（**写真 1.10**），オアシスではイネ（水稲）も栽培されている（**写真 1.11**）。

アメリカのパンかごと呼ばれる中西部の大穀倉地帯や，カリフォルニア州南部の農業地帯インペリアルバレーの灌漑水源については2.1で述べる。ここではカリフォ

写真 1.10 イラン・イスファハン付近のテンサイ畑（撮影：藤山英保）

ルニア州中部・北部の農業地帯について紹介する。カリフォルニア州の太平洋側はベーリング海から寒流が南下するため，冷涼である。東部のシエラネバダ山脈と太平洋岸との間の広大な平野部で農業が行われている。アメリカ最高峰のホイットニー山（標高4 418m）を擁するシエラネバダ山脈はカリ

写真 1.11 イラン・イスファハン付近のオアシスの水田（撮影：藤山英保）

写真 1.12 アメリカ・カリフォルニア州サンホアキンバレーのアーモンド畑（撮影：藤山英保）

写真 1.13　アメリカ・カリフォルニア州サクラメントバレーの水田（撮影：藤山英保）

フォルニア州東部を南北 650 km で貫く。そこの雪解け水を農業に利用するサンホアキンバレーは全米の農産物の 13％を占めており，カリフォルニア州の農産物の大部分はここで生産されている。中心地フレズノの年降水量は 300 mm の乾燥地であり，天水のみの農業はほぼ不可能である。サンホアキンバレーでは果樹，穀類，野菜が広範に栽培されており，近年はアーモンドが急速に伸びている（**写真 1.12**）。サンホアキンバレーの北部に位置するサクラメントバレーではイネの栽培も盛んである（**写真 1.13**）。

メキシコ・カリフォルニア半島は東部に山脈，西部に乾燥地が広がる（**図 1.2**）[7]。半島南部のトドス・サントス周辺は年降水量が 200 mm に満たない乾燥地域であるが，山脈地帯の降水が地下水となり，良質な灌漑水によってトマトやトウガラシが持続的に栽培されている。半島中央部のビスカイノ砂漠は年降水量が 100 mm に満たない地

図 1.2　メキシコ・カリフォルニア半島

域である。ここにも東部山脈地帯の降水に由来する地下水を利用した農業地帯が点在する。

　サハラはアラビア語で砂漠を意味するので，ここではサハラと呼ぶ。アフリカ大陸の1/3を占め，アメリカ合衆国とほぼ同じ面積である。北アフリカ諸国すべてが含まれるので，地中海に至るアフリカ北部はアトラス山脈を除くとほぼサハラと言ってよい。サハラの南部に東西に帯状に広がる地域をサヘルと呼ぶ。スーダン，ナイジェリアなど，9か国が含まれる。サヘル南部では年降水量が500 mmを超える地域があり，農業は可能であるが，土壌の肥沃度が低いこともあり，安定的な生産が行われているとは言えない。

《引用文献》
1) Safriel U, Adeel Z (2005): Chapter 22 Dryland systems. In Millenium Ecosystem Assessment (MA) 2005, Island Press, Washington DC, p.627.
2) Thornthwaite CW (1948): An Approach toward a Rational Classification of Climate. *Geographical Review*, 38 pp.55-94.
3) Food and Agriculture Organization of the United Nations FAOSTAT (2016): Production, Crops, Rome, Italy.
4) 篠田雅人 (2002)：砂漠と気候，成山堂書店，東京，169pp.
5) 木村玲二 (2007)：乾燥地の定義と分布，恒川篤史 編，21世紀の乾燥地科学（乾燥地科学シリーズ1），古今書院，東京，p.5
6) 王　桂蘭 (2011)：草原における農業開発とその影響―中国内モンゴル自治区を事例として―，岡山大学大学院社会文化科学研究科紀要，32巻，岡山，pp.159-178
7) 昭文社地図編集部 (2009)：GLOBAL世界&日本地図帳，昭文社，東京，p.66

第2章
乾燥地農業

2.1 灌漑水源

　世界の乾燥地で灌漑水源として利用されているのは地下水，河川水および湖水である。湖水の利用例としてナセル湖水を利用したエジプトのトシュカ計画があるが[1]，事例は少ない。地下水利用の例として米国中西部のオガララ帯水層を紹介する。八つの州にまたがる浅層地下水層であり，ハイ・プレーンズ帯水層とも呼ばれる（図2.1）[2]。総面積は45万 km^2（日本の国土の1.2倍）で，コムギ，ダイズ，トウモロコシの大生産地であるグレートプレーンズの灌漑水源である。1911年に灌漑水が初めて採取されて以来，揚水技術の発展によってグレートプレーンズを「アメリカのパンかご」と呼ばれるまでに農業の発展に寄与したが，降水

図2.1　アメリカ中西部8州にまたがるオガララ帯水層

●第2章●乾燥地農業

写真 2.1 アメリカ・カリフォルニア州のセンターピボット灌漑（撮影：藤山英保）

によって涵養される年間 60〜80 億 m^3 の3倍の年間 222 億 m^3 をくみ上げているため，貯水量は次第に減少している。2003 年時点の貯水量は 4 000 km^3 で琵琶湖の 145 倍である。灌漑効率の向上を図るためにスプリンクラー灌漑の応用であるセンターピボット灌漑が広く導入されており（**写真 2.1**），行政の貯水量減少防止対策も行われているが，複雑な水利権が原因となり[3]，貯水量の減少は止まっていない[4]。

地下水利用の特殊な例としてカナートを紹介する。中近東から中国の乾燥地には古代からカナート（カレーズ）と呼ばれる採水方法が発達した（**図 2.2**）[5]。山麓に縦穴を掘り，地下水源を探り当てる。そこから横穴を延ばし，

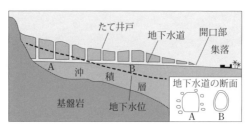

図 2.2 カナートの概念図

写真 2.2 カナートの縦穴を掘った土地の山（イラン・ルート砂漠）（撮影：藤山英保）

写真 2.3 イラン・ルート砂漠のカナートの縦穴の積み石（撮影：藤山英保）

農地に水を導く。長いものは数十kmに達する。水路の途上には地表から縦穴が掘られ，横穴をつなぐ（写真 2.2 ～ 2.4）。水路が地表に出る場所には，耕地や集落のあるオアシスが形成されている。地下を水が流れるために蒸発による損失が少なく，良質の水が得られる。しかしカナートの維持には多大なコストがかかるために次第に廃れてきている。

写真 2.4　イラン・ルート砂漠の水が流れるカナート。生きているカナートは珍しい。（撮影：藤山英保）

　河川水の利用の例として米国西部のコロラド川を紹介する。コロラド川はロッキー山脈を発し，グランドキャニオンを通過し，カリフォルニア州とアリゾナ州の州境を流れ，メキシコのカリフォルニア湾に注ぐ全長 2 330 km の大河である。ユタ州とアリゾナ州にまたがるパウエル湖は，アメリカ合衆国西部への水の供給および発電を目的として建設されたグレンキャニオンダム（1956 ～ 1966）によって形成された（写真 2.5）。グレンキャニオンダムから時代をさかのぼること 1931 ～ 1936 年に建設されたフーバーダムは，グランドキャニオンの下流にあり，貯水量 400 億トンのミード湖（琵琶湖は 280 億トン）はアメリカ南西部の広大な乾燥地での灌漑農業を可能にしたばかりか，ラスベガスへの電力供給や灌漑，ロサンゼルスへの水道水の確保など多目的に使用されている（写真 2.6）。フーバーダムを出たコロラド川は

写真 2.5　アメリカ合衆国西部への水の供給と発電のためにコロラド川に建設されたグレンキャニオンダムとダムによって誕生した貯水量 300 億トンのパウエル湖（撮影：藤山英保）

● 第 2 章 ● 乾燥地農業

写真 2.6　アメリカ合衆国南西部の農業地帯や都市への水供給と発電のためにコロラド川に建設されたフーバーダムとダムによって誕生した貯水量 400 億トンのミード湖。ラスベガスの水と電力はすべてフーバーダムに依存している（撮影：藤山英保）

カリフォルニア州とアリゾナ州の州境を流れ，メキシコとの国境に近い町のユマに至る。そこから水路によってカリフォルニア州の大農業地帯インペリアルバレーに導かれる。河川水はアメリカにおいて農業のみならずラスベガスやロサンゼルスの水道にも利用されるため，メキシコ国境に到達するころには激減し，大湿地帯であった河口は干上がり，大変な環境破壊を引き起こしている（**写真 2.7**）。インペリアルバレーにつながる水路はカリフォルニア州の乾燥地を明渠で 100 km も流れるために蒸発による水のロスが多く（**写真 2.8 〜 2.10**），塩濃度は高くなる（**表 2.1**）。インペリアルバレーの町 Brawley の水路水の電気伝導度（EC）1.32 dS/m は FAO の基準[6]では「中程度に問題がある」レベル（0.7 〜 3.0 dS/m）である。ユマの上流 600 km のパウエル湖の EC 0.94 dS/m はすでに中程度に問題があるが，「安全」と

写真 2.7　コロラド川河口の様子。動植物の楽園であった大湿地帯は干上がり，砂漠化した（撮影：藤山英保）

写真 2.8　メキシコとの国境に近いアリゾナ州ユマ市でコロラド川の水を水路に導き，カリフォルニア州の乾燥地帯を流している（撮影：藤山英保）

写真 2.9　カリフォルニア州南部の農業地帯であるインペリアルバレーに達する前の水路（撮影：藤山英保）

写真 2.10　インペリアルバレーに達した水路（撮影：藤山英保）

表 2.1　コロラド川の水質

	pH	EC [dS/m]	Na^+ [mol/m^3]	K^+ [mol/m^3]	Ca^{2+} [mol/m^3]	Mg^{2+} [mol/m^3]	Cl^- [mol/m^3]	NO_3^- [mol/m^3]
パウエル湖	8.17	0.94	3.6	0.2	2.0	1.1	2.7	0.018
パウエル湖から 12 km 下流	7.97	0.81	3.1	0.2	1.9	1.0	1.8	0.035
ユマから 136 km 上流	8.15	1.26	5.0	0.2	2.4	1.4	2.0	0.009
インペリアルバレーへの水路の出発点ユマ	8.18	1.39	6.1	0.2	2.8	1.5	2.1	0.018
ユマとインペリアルバレーの中間	7.70	1.53	5.7	0.1	2.0	1.2	3.0	0.032
インペリアルバレーの中心地	7.86	1.32	5.7	0.3	2.7	1.5	2.0	0.029

される 0.7 dS/m に近い。西部の乾燥地を流れるコロラド川の EC は次第に上昇し，インペリアルバレーに至る。話はそれるが，インペリアルバレーの農業排水はソルトン湖に集められる。淡水湖で面積 964 km^2 のソルトン湖は 1950 年代にレクリエーション施設ができ，水鳥の楽園であった。筆者がカリフォルニア州に滞在した 1985 年にはまだ魚釣りを楽しめるリゾート地であったが，現在は農業排水のために塩濃度が上昇して EC は 51 dS/m であり，海水に匹敵する（**表 2.2**）。農薬も流入しているために死の湖となっている（**写真 2.11**）。このように先進国であるアメリカにおいても環境破壊的・収奪的な灌漑水利用が行われている。

　灌漑農業のために河川水を過剰に取水したことが流入湖の面積を縮小させ

表 2.2　ソルトン湖の水質

	pH	EC [dS/m]	Na^+ [mol/m^3]	K^+ [mol/m^3]	Ca^{2+} [mol/m^3]	Mg^{2+} [mol/m^3]	Cl^- [mol/m^3]	NO_3^- [mol/m^3]
ソルトン湖	7.71	51	525	12.8	22.5	56.8	347	0.128

写真 2.11　インペリアルバレーの農業排水が流入するソルトン湖（撮影：藤山英保）

た有名な例は，国際河川の下流にあるアラル海とチャド湖である。アラル海はアムダリア川とシルダリア川が流入するカザフスタンとウズベキスタンにまたがる湖である（図 2.3）[7]。アラル海は 1960 年には 6 万 8 000 km^2 で琵琶湖の 100 倍の面積であったが，1971 年には 6 万 200 km^2，1976 年には 5 万 5 700 km^2，1987 年には 4 万 1 000 km^2，2000 年には 2 万 2 400 km^2，2010 年には 1 万 3 900 km^2 と次第に縮小した。1989 年にはウズベキスタンに属する大アラルとカザフスタンに属する小アラルに分断され，2005 年には大アラルが西アラルと東アラルに分断された。図 2.4 は 1977 年から 2013 年までのアラル海の状況の変化である[8]。旧ソ連時代には年間 4〜5 万トンの漁獲高を誇っていたが，1940 年代にアムダリア川をワタやイネなどの栽培の灌

図 2.3　カザフスタンとウズベキスタンにまたがるアラル海

2.1 灌漑水源

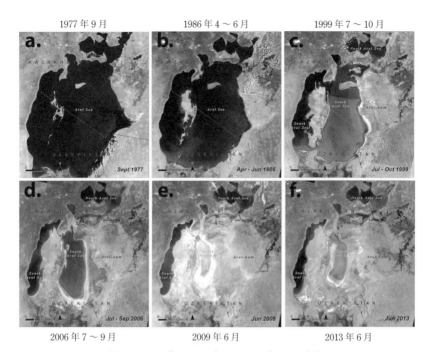

1977年9月　　　1986年4～6月　　　1999年7～10月

2006年7～9月　　　2009年6月　　　2013年6月

図2.4　アラル海の1977年から2013年までの変化

漑水源として利用しはじめると面積が減少しはじめた。国連環境計画（UNEP）によると[9]，灌漑農業用地は1960年には約450万haであったが，2012年には約800万haとなった。その間，水利用は60.6 km^3／年から105 km^3／年に増えた。一方，湖水の減少とともに塩分濃度が上昇し，2000年には大アラル海の塩分濃度は海水の2倍に達した。なお，シルダリア川下流域の土壌劣化については3.6.1に詳述する。

チャド湖はチャド，ニジェール，ナイジェリア，カメルーンにまたがるアフリカ大陸中央部に位置する湖である（図2.5）[10]。主な河川はチャドを流れるシャリ川であ

図2.5　チャド，ニジェール，ナイジェリア，カメルーンにまたがるチャド湖

17

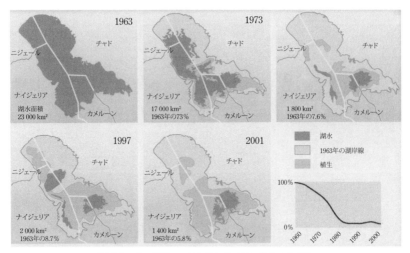

図 2.6　チャド湖の 1963 年から 2001 年までの変化

る。周辺諸国による流入河川を利用した大規模な灌漑のためにチャド湖の面積は 1963 年には 2 万 3 000 km^2 と世界第 6 位の面積であったが，1973 年には 27 ％が消失し，2001 年までに 94 ％が消失した（図 2.6）[11]。このままでは 21 世紀中に消滅すると予想されている。

　以上の事例は乾燥地農業がもたらす環境破壊である。河川水や湖水の減少が貴重な自然生態系の破壊をもたらしている。コロラド川河口の大湿地帯は動植物の楽園であったが，今は砂漠である。アラル海，チャド湖においても同様である。乾燥地での灌漑水利用は以上の例にとどまらず収奪的・環境破壊的である事例が多い。米国のオガララ帯水層やコロラド川の例は先進国においても環境調和的な灌漑水源利用が困難であることを示している。

2.2　灌漑農業

　極乾燥地域と乾燥地域では灌漑なしに作物の最大収量を得ることはできない。乾燥地では畑地灌漑が一般的であるが，1.2 で紹介したようにイランのオアシスでは水田も一部見られる。畑地灌漑は紀元前 6 000 年ごろにはメソポタミアやエジプトなどで行われていたとされている。現在行われている主

な灌漑方法は,地表灌漑(Surface irrigation),スプリンクラー灌漑(Sprinkler irrigation),マイクロ灌漑(Micro irrigation)である。

地表灌漑には畦(畝)間(Furrow)灌漑,ボーダー(Border)灌漑,水盤(Basin)灌漑が含まれる。畑地に導入された水は重力水となって地中に浸透する。特に技術を必要とせず,コストが低いために古くから伝統的に行われてきた灌漑方法である。ただし,水のロスが大きく,灌漑水量のうち作物に吸収される効率,すなわち灌漑効率(Irrigation efficiency)は45%程度と言われる。畦間灌漑は地表灌漑の中で現在最も一般的に用いられる方法である。圃場に数十mの長さで畦を立て,畦と畦の間に通水する方法である。主に野菜類が栽培されるが(**写真 2.12, 2.13**),トウモロコシのような穀類が栽培される場合もある(**写真 2.14**)。砂土のような漏水の激しい土壌では適用されない。ボーダー灌漑は低い畦畔で区切った帯状の区画に薄層流で全

写真 2.12 アメリカ・カリフォルニア州インペリアルバレーのトマトの畦間灌漑(撮影:藤山英保)

写真 2.13 メキシコ・南バハカリフォルニア州最大の農業地帯コモンドゥのトウガラシの畦間灌漑(撮影:藤山英保)

写真 2.14 イラン・テヘラン近郊農業地帯のトウモロコシの畦間灌漑(撮影:藤山英保)

写真 2.15 イラン・ケルマン地方のピスタチオの水盤灌漑（撮影：藤山英保）

面越流させる方法であり，コムギなどの穀類にも適用される。水盤灌漑は小面積を畦で囲み，水をホースなどで導入する。主に果樹に適用される（**写真 2.15**）。

スプリンクラーはイスラエルで発明された方法であり，灌漑効率が 75％と地表灌漑より高い。水に高圧をかけて飛沫にし，ノズルから散水する。日本では鳥取大学が 1958 年に鳥取砂丘の圃場に導入したことで，鳥取砂丘畑でそれまで行われていた過酷な桶散水から農業従事者が解放された。その後，砂地畑ではラッキョウ，ナガイモ，シロネギなどの特産品が生み出された。現在は果樹の根元だけに散水するミニスプリンクラーも存在する。スプリンクラーの原理を応用して大規模な面積に散水できるのがセンターピボット灌漑である（**写真 2.16**）。自走式の散水管に水を圧送し，平均 400 m，大規模なものでは 1 km にも及ぶ円形の圃場に散水する。おおよそ 1 日 1 〜 12 回程度の回転をさせるが，移動速度の大きい周辺部の散水量を多くして，散水量ができるだけ均一になるようにする。風による水のロスが少ないために一般のスプリンクラー灌漑よりは灌漑効率が高い。前述のグレートプレーンズでの灌漑効率向上に役立っており，トウモロコシやコム

写真 2.16 メキシコ・南バハカリフォルニア州最大の農業地帯コモンドゥのセンターピボット灌漑（撮影：藤山英保）

ギのような穀類やジャガイモ，テンサイのような野菜類に適用されている。

マイクロ灌漑は作物の根元だけに灌漑する方法で，主なものは点滴灌漑である（**写真 2.17**）。根元以外の土壌表面は乾燥したままであるので，灌漑効率は 95％と高い。野菜類に灌漑されることが多いが，いくつかのエミッタを樹幹の周りに配置して果樹に適用することもある（**写真 2.18**）。問題は点滴チューブを地表に這わせるためにコケや土壌粒子によるエミッタの目詰まりが起こることである。そのためブドウのように棚にチューブを取り付ける場合がある（**写真 2.19，2.20**）。

灌漑方法と土壌塩類集積は密接に関わっている（**図 2.7**）。スプリンクラー灌漑と地表灌漑では塩濃度は深くなるにつれて高くなる。ボーダー灌漑でも深くなるにつれて塩濃度が高くなるのに加えてボーダーにおいても高くなる。

写真 2.17　メキシコ・南バハカリフォルニア州リゲレロネグロのトマトの点滴灌漑（撮影：藤山英保）

写真 2.18　イラン・テヘラン近郊農業地帯のリンゴの点滴灌漑（撮影：藤山英保）

写真 2.19　アメリカ・カリフォルニア州ナパバレーのブドウの点滴灌漑（撮影：藤山英保）

写真 2.20　メキシコ・バハカリフォルニア州サントトマスのブドウの点滴灌漑（撮影：藤山英保）

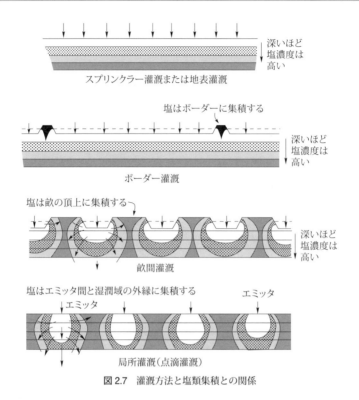

図 2.7　灌漑方法と塩類集積との関係

畦間灌漑では畦から離れるにつれて濃度が高くなる。また畦の中央においても高くなる。点滴灌漑ではエミッタから離れるにつれて塩濃度は高くなる。したがってエミッタ付近の根は高塩濃度にさらされることはない。

2.3　降雨依存（無灌漑）農業

降雨依存農業（Dry farming）は乾燥半湿潤地域で行われる農業形態である。湿潤地域で灌漑なしに行われる農業を降雨依存農業とは呼ばない。降雨依存農業は天水農業とも呼ばれる。降水量が冬雨型のところでは約 250 mm 以上，夏雨型のところでは 450 mm 以上の半乾燥地域に多く見られ，コムギやソルガムなどの穀類が栽培される。自然の降雨を土壌中に有効に貯蔵し，必要な時期まで保持させるために雨季前に深くまで耕作する。雨水を容易に根群域

に浸透させ，表面流出を少なくするためである。乾季には表面を浅く耕作する。これは，除草のためと，毛管を切ることによって土壌面蒸発を抑制するためである。1年耕作したのち数年間休耕して，上記の方法で雨水を土中に貯留する。冬雨地帯では，オオムギ，コムギ，ヒヨコマメ，夏雨地帯では，ソルガム，ミレット，ラッカセイを植えることが多い。数年間土壌中に貯水しても栽培年の降雨量に依存する危険な農法なので，一般的に無肥料・無農薬である。また，数年間休耕するために連作障害がなく，持続可能な農法である。イラン北部のトルコ国境から南西部のイラク国境まで続くザグロス山脈の高原地帯ではコムギの降雨依存農業が行われている（**写真2.21**）。遠目には豊かに実っているようであるが，近づくと低収量

写真2.21　イラン・ザグロス山脈のコムギの降雨依存農業（撮影：藤山英保）

であることがわかる。おそらくヘクタールあたり1トンに満たないであろう。しかし，前述のように無肥料・無農薬で持続可能な農業である。ただ，人口増加に伴う食料確保のために，休耕期間を短縮して耕作を行うこともある。そうすると地力の消耗によって収量低下をもたらすのみならず，砂漠化に至るおそれがある。

2.4 洪水農業

1.2で紹介したように，メキシコ・南バハカリフォルニア州（バハカリフォルニアスル）はカリフォルニア半島（Baja California）の南半分を占める（第1章 図1.2）。半島は東半分にヒガンタ山脈が縦断する。州の年間平均降雨量は200 mmに満たない極乾燥地域であるが，山岳部に降る雨が地下水となり，太平洋側の平野部にある農業地帯の灌漑水となり，主にトマトやトウガラシなどの野菜やマンゴー，パパイヤ，オレンジなどの果樹が栽培されている。しかし，年間を通じて農業を営むことができる地域は少ない。州には河川が多く存在するが，9月を中心に発生するハリケーンの時期を除いて水が流れることはない（**写真 2.22**）。ハリケーンは太平洋上で発生し，北上してカリフォルニア半島南部に上陸し，町や畑地に被害をもたらす。普段は水が流れない川は濁流と化す（**写真 2.23**）。ハリケーンの水は土壌表面を流去するために地下水を涵養する力は小さい。しかし，氾濫のあとの河底には少なくとも1作の栽培を可

写真 2.22 メキシコ・南バハカリフォルニア州の川底。ハリケーン時を除いて水が流れることはない（撮影：鳥取大学・馬場貴志）

写真 2.23 メキシコ・南バハカリフォルニア州のハリケーン襲来時の川の様子。橋はこのあと崩壊した（撮影：藤山英保）

能にする水分と，運ばれてきた土砂に含まれる養分が残る。これらを用いて農家は野菜を中心として作物を栽培する（**写真 2.24**）。洪水農業経営農家は無肥料・無農薬での自然農法として収穫物に付加価値を付けている（**写真 2.25**）。洪水農業の起源はインダス文明での氾濫農耕である。モンスーンによる河川の氾濫が引いた後の肥沃な沖積土を利用してコムギを栽培し，翌年のモンスーン前に収穫したようである。

　洪水農業ではないが，それに近い農業を紹介する。黄河下流域の山東省には1万 km^2 に及ぶ畑地が広がる。その地帯は土壌塩分濃度が高いために耐塩性が強いワタが主産物である。3月に黄河の水を圃場に導入し，数十 cm の深さになるように貯める。水が地中浸透し，耕作が可能になるとワタや野菜を播種し，ただちにビニールマルチを張る。発芽後にビニールを破り，芽を解放する（**写真 2.26**）。非常に薄いビニールなので容易に破ることができる。マルチによって蒸発を防ぎ，収穫までに灌漑することはない。洪水農業の応用版といえるであろう。なお，非常に

写真 2.24　メキシコ・南バハカリフォルニア州ドスデアブリル地域の洪水農業。川底に栽培されるネギ（撮影：鳥取大学・岩﨑正美）

写真 2.25　カボチャを収穫する洪水農業農家。無肥料・無農薬の自然農法で付加価値を付けている（提供：鳥取大学・岩﨑正美）

写真 2.26　中国・山東省のワタ畑のビニールマルチ（撮影：藤山英保）

薄いビニールは収穫後の回収が難しく，圃場に放置されたままであり，白色汚染と呼ばれている。

《引用文献》
1) 北村義信（2016）：ナセル湖からの導水を利用した砂漠緑化の挑戦，乾燥地の水をめぐる知識とノウハウ，技報堂出版，東京，pp.111-112
2) Fischer BC, Kokkasch KM, McGuire VL: Digital map of saturated thickness in the High Plains aquifer in parts of Colorado, Kansas, Nebraska, New Mexico, Oklahoma, South Dakota, Texas and Wyoming, 1996 to 1997. USGS Open-File Report 00-300.
3) 遠藤崇浩（2008）：オガララ帯水層の水問題―地下水利権精度の観点から―，水利科学，No.300，pp.26-45
4) U.S. Geological Survey (2015): Water-level and Recoverable Water in Storage Changes, High Plains water-level changes, predevelopment to 2015.
5) 小堀　巖（1996）：乾燥地域の水利体系―カナートの形成と展開，明治大学社会科学研究所叢書，大明堂，東京
6) FAO (1984): GUIDELINE FOR INTERPRETATIONS OF WATER QUALITY FOR IRRIGATION, *In* Water Quality for Agriculture 29 Rev. 1, p.8.
7) 昭文社地図編集部（2009）：GLOBAL 世界＆日本地図帳，昭文社，東京，p.34
8) USGS/NASA (2013): Landsat satellite imagery mosaics showing visible changes of the Aral Sea. *In* The future of the Aral Sea in transboundary co-operation. UNEP Global Environment Alert Service 2013.
9) Unite Nations Environment Programme (2014): The future of the Aral Sea lies in transboudary co-operation. *In* Environmental governance, Ecosystem management, Climate change.
10) 昭文社地図編集部（2009）：GLOBAL 世界＆日本地図帳，昭文社，東京，p.56
11) FAO/Lake Chad Basin Commission Workshop (2011): Climate change implications for fishing communities in the Lake Chad Basin. November 2011, N7Djamena, Chad.

第3章
乾燥地土壌における塩類動態と塩類集積

　乾燥地域の土壌中に含まれている塩類の含量や形態は，地域によってさまざまである。これらの塩類や水の影響によって，乾燥地域における土壌劣化が拡大している。しかし，土壌や灌漑水中の塩類と水分の動態を正しく理解することにより，土壌劣化を未然に防止することも可能となる。本章では，乾燥地域に分布する土壌の特徴と土壌塩類化の機構について，乾燥地域の農地の事例も交え解説する。

3.1　乾燥地域の土壌劣化（土壌塩類化）

　近年，世界各地の急速な開発はさまざまな環境破壊を引き起こし，今や地球環境の修復は人類の大きな課題となっている。本来，持続的な食料供給の基盤である土壌資源には作物生産作用と浄化作用という大きな二つの働きがある。しかし，近年の地球環境の変化に伴い，土壌本来の機能が失われつつある現状に直面している。しかし，日々の生活において土壌劣化を実感している人はどれだけいるであろう。私たちは土壌を利用して食料生産を行っており，非常に微妙な変化のために気づかないことが多いが，次の作付けときの土壌は前の作付けときと比べてやせ細っている状態で生産を行うこととなる。これを続ければ，農耕を支える土壌の供給能は維持できなくなる。持続的に土壌から食料を生産するため，肥料や作物残さなどを土壌に還元するか，休耕しない限り，土壌の供給能は確実に減少してゆく。しかし，不適切な土壌管理や生産性を上げようとするあまりに，土壌から過度の収奪を行った結

果，土壌劣化と作物の生産性の著しい低下を引き起こしている。土壌劣化の現象は，「土そのものの喪失」と「土の特性変化」の二つに分けて考えられる。前者は風雨などにより土壌が失われる現象，後者は土の生物生産力，再生可能性が低下する現象である。土壌劣化の進行は自然的要因のみならず，化学的劣化や物理的劣化などの人為が大きく関わっているに要因によっても急速に広がっている。それにも関わらず過度に作物生産を行い続けると，土壌劣化が進行し続け，土壌の生産性は皆無になってしまう。肥沃な表層土壌が失われ農業が成り立たなくなり，世界的規模の食料不足を招くおそれが出ている。環境の産物である土壌を脅かしているのは人間である。これら土壌劣化の危険性のある農地や自然環境を守り，持続的な食料生産を行うためには，適切な営農技術やその普及のための農業および農村開発手法などを確立し，各地の土壌保全対策の実施が急務となっている。

　乾燥地域において，土壌劣化の進行が深刻な問題となっている。1996年12月に発効された砂漠化対処条約によると，砂漠化は「乾燥，半乾燥および乾燥半湿潤地域における種々の要素（気候変動および人間の活動を含む）に起因する土地の劣化」をいう。つまり，砂漠化の要因は大きく気候的要因と人為的要因に分けられており，砂漠化に関与する割合は気候的要因が13％，人為的要因が87％と言われている[1]。砂漠化の気候的要因は地球規模での大気循環の変動に起因する乾燥地域の拡大であるが，人為的要因としては，過放牧，薪炭材の過剰採集，過開墾，不適切な水管理による塩類集積などが挙げられる。これらは植生の減少，土壌侵食の増大にもつながり，土地生産力の減退をもたらす。そのような，人為的な影響によって非常に脆弱な状況になりうる乾燥地は，現在世界の陸地面積の約41.3％を占め，世界人口の3分の1に当たる約21億人がその地域で暮らしている[2]。

　世界の陸地に分布する塩類土壌の地域別面積を，**表3.1**に示した[3]。地球陸地の6.5％に相当する8億3100万haが塩類化しており，この多くは自然に分布していたものであるが，農業面において大きな脅威となっているのは二次的塩類集積である。現状として，世界の穀物生産量の約40％は灌漑農地からの生産によって占められていることからも，灌漑農地が世界の食料供給に大きな貢献を果たしていることは明らかである。乾燥地域における灌漑

表 3.1　世界の陸地に分布する塩類土壌の地域別面積 [3]

地域	全体面積	塩性土壌		ソーダ質土壌	
		面積 [$\times 10^6$ ha]	割合 [%]	面積 [$\times 10^6$ ha]	割合 [%]
アフリカ	1 899.1	38.7	2.0	33.5	1.8
アジア太平洋オセアニア	3 107.2	195.1	6.3	248.6	8.0
ヨーロッパ	2 010.8	6.7	0.3	72.7	3.6
中南米	2 038.6	60.5	3.0	50.9	2.5
中東	1 801.9	91.5	5.1	14.1	0.8
北米	1 923.7	4.6	0.2	14.5	0.8
合計	12 781.3	397.1	3.1	434.3	3.4

　農地の土壌塩類化は，これまで乾燥条件下で平衡状態にあった環境に対して，人間が不適切かつ大規模に水循環を変えたために引き起こされた水と塩類の再分配の結果である。その結果，乾燥地域における土壌劣化は不可逆的に進行しつつある。現在，世界の農地面積は約15億haあるが，今や，世界の灌漑農地の約20%に相当する約3億haにおいて，土壌塩類化の影響が認められている [4]。国連食糧農業機関（FAO）は，灌漑農地の内3 400万ha（11.3%）の農地における塩類化の進行を認めており，そのうちの60%以上が，パキスタン，中国，アメリカ，インドの灌漑大国に集中している [5]。このような農地の土壌塩類化のほとんどが，人為的に引き起こされている土壌劣化であり，その拡大は止まる兆しをみせず，今後の世界の食料生産情勢に大きな陰を落とそうとしている。

3.2　乾燥地土壌の断面内に分布する塩類

　乾燥地域では，年間のうちの大部分を蒸発散量が降水量を大きく上回っており，水分環境が非常に乏しい。このような地域では，土壌中に含まれている水分は下層から上層への動きが主体であり，水分が土壌表層から蒸発しているため，年間を通じて土壌が乾いた環境下に置かれている。そのため，乾燥地域に分布する土壌は湿潤地域の土壌とは大きく異なる特徴がある。
　水の影響が少ない乾燥地域の土壌は年間を通じて極めて乾燥しているが，

● 第 3 章 ● 乾燥地土壌における塩類動態と塩類集積

気温の日較差や年較差が大きいために，降水の影響がなくとも，わずかずつであるが岩石の風化は進んでいる．岩石を形成する鉱物の熱膨張率は少しずつ異なっており，地表付近の岩石の熱による歪みが促進され，岩石の崩壊による細粒化とともに，長い年月をかけて土壌生成が進行している．もともと降水量が少ないため，化学的風化は遅いが，降水によって土壌が浸潤し，さらに生物活動が伴ったとき，土壌生成が最も早く進行する[6]．

水の影響をあまり受けることがないこれらの土壌にはアルカリ金属，アルカリ土類金属を主体とする塩基類がそのまま遊離の塩類となって土壌に存在している．つまり，土壌中に見られる水溶性塩類の主体はナトリウム，マグネシウム，カルシウムの塩化物，硫酸塩，炭酸塩および重炭酸塩である．乾燥地土壌には，炭酸塩および重炭酸塩が含まれている場合が多いため，土壌pHは7を超える．炭酸イオンと重炭酸イオンの当量比はpHによって決定され，比が1となるpHは10.3である．これらの塩類は，水への溶解特性に基づいて土壌断面内に分布しているので，土層内では水に溶けやすい塩ほど土層のより深い部位に集積している（**図 3.1**）[7]．これらの塩類の溶解度は，温度に依存しているが，20℃のときの溶解度は，塩化カルシウム（74.5 g/100 mL；以下，同様）＞塩化マグネシウム（54.6）＞塩化ナトリウム（35.9）＞

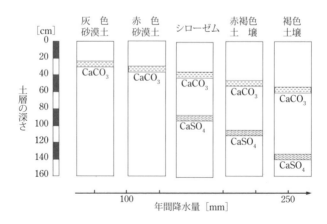

$CaCO_3$：炭酸カルシウム　$CaSO_4$：硫酸カルシウム（石こう）

図 3.1　降水量と乾燥地土壌断面内の塩の集積部位[7]

硫酸マグネシウム（25.5）＞炭酸ナトリウム（21.5）＞硫酸ナトリウム（19.5）＞硫酸カルシウム（0.21）＞炭酸カルシウム（0.0065）の順に小さくなる。そして，乾燥地土壌の化学的性質は土壌母材の影響を強く受けているため，地域によっても土壌中の塩類の量や形態は異なっており，土壌断面内に種々の形態的特徴を有する沈殿物を認めることができる。溶解度積の小さい炭酸カルシウムは表層土近くに固結した状態で存在する。炭酸カルシウムは通常，白色の粉体状の沈積または不定形で白色の塊状物となっていて，希塩酸を滴下すると発泡するので簡単にその集積部位を確認できる。そして，炭酸カルシウムよりもやや溶解度の高い硫酸カルシウムは，土層のやや深いところに集積し，集積が著しい場合には結晶状の沈殿物が層となって形成し，光沢を有しているのでその存在を容易に確認できる。このような降水量と難溶性塩類の集積部位の関係は，乾燥地の土壌調査において重要である。この位置を確認することによって，降水量の多少のほかに，雨水の土壌中への浸透の程度や深さなどを推定できる。断面上部には炭酸カルシウムなどの水に溶けにくい塩類が存在し，その下位にやや水に溶けやすい硫酸カルシウムなどの塩類が存在する。そして，これらの難溶性塩類に比べてもっと水に溶解しやすい塩化物（塩化ナトリウム，塩化カルシウムおよび塩化マグネシウムなど）はさらに土層の深いところに溶脱されている。

　水の影響が制限されている乾燥地域では，塩類が多かれ少なかれ土壌中に残った状態であることが多い。このような環境下にあるため，誤った農地管理を行うと土壌塩類化が急速に進行する。

3.3　乾燥地域に分布する灌漑水

　乾燥地域で利用される灌漑は，一般に河川水や地下水が用いられるが，水中に含まれている塩分量は地域によって異なっており，また同じ地域でも季節によって塩類濃度は変化する。河川水中や地下水中には風化岩石や土壌中の水溶性物質が溶存しており，それらは全可溶性塩（total soluble salt：TSS）と総称されている。風化を受けた岩石中や土壌中を水が通過する際，塩が多量に溶け込む結果，TSS濃度が高くなり，水質が悪化している。この

ように，灌漑水中には風化岩石や土壌中の可溶性塩類が多少なりとも含んでおり，農業生産現場に大きく影響を及ぼしている。このような灌漑水は，主としてナトリウムイオン，カルシウムイオン，マグネシウムイオン，重炭酸イオン，塩化物イオンおよび硫酸イオン，わずかな量として硝酸イオンおよびホウ酸イオンも含まれている。そのことからも，土壌表層の極端な乾燥化と湿潤化の繰り返しを引き起こす乾燥気候下の灌漑は，多くの場合，大量の溶解した塩類を土壌に供給することになる。乾燥地域の農地管理において利用される灌漑水は，水量のみならず水質も極めて重要である。灌漑水の水質は，農作物の生産性，農地の維持・管理からみても，極めて重要な意義を持っている。

灌漑水の水質の良否は，アメリカ農務省が提案した灌漑水の電気伝導度（Electrical Conductivity：EC）とナトリウム吸着比（Sodium Adsorption Ratio：SAR）との値から得られるダイヤグラムによって評価されている（図3.2）。SARは，以下の式より求められる。

$$SAR = [Na^+] / [(Ca^{2+} + Mg^{2+})/2]^{0.5} \qquad (3.1)$$

ここで，[ ]内のイオン濃度はmmolc/Lで示される。つまり，灌漑水は塩性害とナトリウム害とから評価され，塩性害はECを求めることにより，ナトリウム害はSAR値を求めることにより評価される。

灌漑水中のナトリウムイオンがそのほかの陽イオンに比べて多い場合は，ナトリウム粘土の形成により，透水性，通気性不良などの土壌物理性の劣化を引き起こす。さらに，灌漑水中に重炭酸イオンが（$Ca^{2+}+Mg^{2+}$）よりも高濃度に含有されていると，灌漑された土壌中では例えばCa^{2+}では以下のように反応し，不溶性の$CaCO_3$が生成する。

$$2HCO_3^- + Ca^{2+} \rightarrow Ca(HCO_3)_2 \rightarrow CaCO_3 + CO_2 + H_2O \qquad (3.2)$$

Mg^{2+}の場合も，同様に不溶性の$MgCO_3$が生成する。そして，土壌溶液中のNa^+濃度が上昇することによりNa_2CO_3を生成し，pHを上昇させる。灌漑水中の（$CO_3^{2-}+HCO_3^-$）を評価するには，残存炭酸ソーダ量（Residual Sodium Carbonate：RSC（mmolc/L））が用いられる。

3.3 乾燥地域に分布する灌漑水

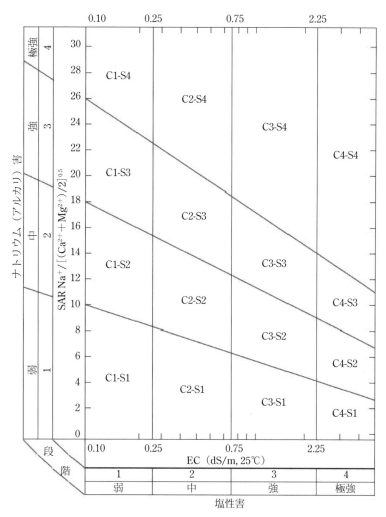

図 3.2 EC と SAR による塩性害評価 (U.S. Dep. Agri, 1954[8]) を改変して引用)

$$RSC = (CO_3^{2-} + HCO_3^-) - (Ca^{2+} + Mg^{2+}) \tag{3.3}$$

RSC 値が 1.25 以上になると，リーチングなどの処理が必要となり，2.50 以上の場合は灌漑水としての利用は困難となる。このように，重炭酸イオンを多く含む灌漑水の場合，カルシウムやマグネシウムが炭酸塩として沈殿する

結果となる。土壌中に重炭酸塩が集積すると,植物の鉄吸収を阻害し,生育不良の原因となると考えられている。そして,従来の SAR を修正した adj. SAR (adjusted SAR) によって,灌漑水と土壌が接触する際におこる灌漑水中のカルシウム塩,特に炭酸カルシウムの沈積の土壌塩類濃度への寄与を考慮に入れた評価もされている[9),10)]。それによると,adj.SAR は次式で与えられる。

$$\mathrm{adj.SAR} = \mathrm{SAR}[1+(8.4-\mathrm{pHc})] \tag{3.4}$$

ここで,

$$\mathrm{pHc} = \mathrm{p(Ca+Mg)} + (\mathrm{pK_2-pK_{sp}}) + \mathrm{p(CO_3+HCO_3)} \tag{3.5}$$

である。式 (3.5) 中,p(Ca+Mg) は水中の Ca+Mg のモル濃度の負対数を,pK_2 は炭酸 (H_2CO_3) の第 2 解離定数 K_2 の負対数を示し,K_2 は $K_2=[H^+][CO_3^{2-}]/[HCO_3^-]$ で与えられる。pK_{sp} は $CaCO_3$ の溶解度積定数 K_{sp} の負対数を示し,K_{sp} は $K_{sp}=[Ca^{2+}][CO_3^{2-}]$ で与えられる。さらに,p(CO_3+HCO_3) は水中の CO_3+HCO_3 の当量濃度の負対数を表している。

式 (3.4) 中の 8.4 は $CaCO_3$ と平衡に達した塩類土壌の pH の近似値を示しているが,pHc が 8.4 以上のとき,土壌水の動きにつれて土壌中から石灰が溶解する傾向を示し,pHc が 8.4 以下のとき,灌漑水中の石灰が土壌中に沈積する傾向があることを示している。すなわち,pHc の値を知ることによって,灌漑水中の石灰が土壌中に沈積して新たに塩として付加されるのか,あるいは逆に土壌中の石灰が溶解して土壌塩類濃度を多少とも下げるのかを予測することができ,pHc は石灰の動態に関して重要な意義を持っている。

灌漑水から供給されたイオン量が,植物による吸収と洗脱によって運ばれた量よりも多い限り,これによって塩類集積が生じることになる。乾燥気候下では,洗脱は極めて少ないので,わずかな塩分を持つ灌漑水の供給でさえ,塩類集積が現れる。また,灌漑によって地下水位が上昇することもしばしばあるため,表層は常に地下水の毛管端の範囲内に存在することになる。その場合,上方に向かう土壌水の動きと蒸発により表層には塩類の富化が生じる。このような塩性土壌は,乾燥地や半乾燥地の低地や浅い位置に塩類濃度の高

い地下水があるところに認められる。同様に，排水施設が十分でない農地で不適切に大量の灌漑が行われると地下水位が上昇し，地表面での蒸発と毛管現象を伴いながら水が絶えず土壌断面内あるいは土壌表面に供給される。この過程は通常，土壌の表面から水分が蒸発することによって生じる。溶液中に溶けている塩類は毛管作用によって上方に引き上げられ，そのあと水が蒸発するにつれて塩類だけが残存する。その結果，これらの土壌の表面には塩類の皮殻が形成される。塩性化した土壌の表面は塩の軟結晶で覆われているが，硫酸ナトリウムや硫酸カルシウムが優先する塩性土壌は，膨れた表面を持っている。また，炭酸ナトリウムや重炭酸ナトリウムは水中でアルカリ性を示す性質があり，灌漑水中にナトリウム炭酸塩が比較的多く含まれていると，土壌のソーダ質化が進行するのみならず，アルカリ性化を併発する場合があるため，灌漑水の利用の際には注意を要する（**表 3.2**）。

表 3.2 乾燥地域の灌漑水などの水質の一例

採取地	pH	EC* [dS/m]	イオン濃度 [mmolc/L]								SAR**
			Ca^{2+}	Mg^{2+}	K^+	Na^+	SO_4^{2-}	NO_3^-	HCO_3^-	Cl^-	
メキシコ											
ラパス	8.0	0.96	4.1	2.2	0.1	3.5	0.9	0.6	2.7	4.7	2.0
ゲレロネグロ	8.0	1.21	1.9	2.4	0.2	6.5	0.5	tr.	2.4	7.2	4.4
カザフスタン											
シルダリア川	8.0	1.45	4.6	5.6	0.1	6.6	11.2	tr.	tr.	5.7	2.9
コミュニズム水路	8.0	1.63	5.4	6.4	0.1	7.6	12.6	tr.	tr.	7.2	3.1
幹線排水路	7.7	2.98	8.5	13.8	0.2	15.2	24.4	tr.	tr.	13.1	4.6
地下水（イエルタイ）	7.9	21.10	27.3	60.8	0.7	196.4	163.5	tr.	tr.	144.8	29.6
中国											
黄河（沙波頭）	8.7	0.38	0.8	0.8	0.4	1.9	0.6	tr.	2.6	0.9	2.0
日本											
千代川（鳥取）	6.2	0.06	0.2	0.1	0.0	0.3	0.2	tr.	tr.	0.3	0.3

*　電気伝導度：溶液中に含まれる可溶性塩類の総量の指標
**　ナトリウム吸着比：溶液中に含まれる二価陽イオン（$Ca^{2+}+Mg^{2+}$）に対する Na^+ の量比
tr. は検出限界以下を示す

3.4 乾燥地域に分布する二つの劣化土壌

3.4.1 塩性土壌とソーダ質土壌

　乾燥地域では，豊富な日射のため，水と肥料が充分に与えられれば非常に高い農業生産性が期待され，農業の適地となるポテンシャルが高い。古くから，非常に少ない降雨に依存した農業（ドライファーミング）も行われてきているが，安定的に作物を栽培するためには，灌漑が必須の条件となる。しかし，乾燥地域では単に水を供給すればよいというわけではない。水の供給によって，かえって土壌の劣化を招くことになるためである。乾燥地域の農地では，不適切な灌漑，すなわち，排水性の悪い環境下で大量の水が供給されると，過剰な水が土層内の浅い部位に地下水として停滞する。そして，土層内に存在する塩類がその地下水に溶解し，土壌中の微細な隙間によって地表面までつながってしまう。地表面で水が蒸発すると，毛管現象により下層から塩類を含んだ水が土壌表面に上昇しはじめる。地表面では水のみが蒸発するために，水に溶けていた塩類は地表面に残され，析出・集積することになり，集積塩類量が多い場合には作物栽培は不可能となる。一方，集積する塩類の量よりも集積塩類の組成によって特徴づけられる劣化土壌も存在する。

　このような塩類土壌の定義には二つの化学的基準がある。集積された，あるいは生成される塩類の溶解度積と土壌溶液中のイオン濃度の二つである[11]。そしてそれは，ECで表示した土壌溶液中の塩類濃度と土壌表面に吸着している陽イオン組成が塩類土壌の分類に用いられる。すなわち，塩類土壌は集積する塩の量と組成によって，**表3.3**のように大きく分類される[12]。多量の可溶性塩類の集積により特徴づけられるのが塩性土壌であり，一般的に塩類集積土壌として知られている。塩類の組成で特徴づけられる土壌が，もう一つの塩類土壌，ソーダ質土壌である。両方の性質を有する塩性ソーダ質土壌も存在する。乾燥地域に分布する土壌に集積する塩類の主体は，カルシウム，マグネシウム，ナトリウムなどの塩化物，炭酸塩，および硫酸塩であり，後述する飽和抽出溶液のpH（pHe）は7〜8の弱アルカリ性を呈する。そして，重炭酸ナトリウムや炭酸ナトリウムなどのナトリウム炭酸塩が多く

占めると，土壌 pH は 8.5 を超えることもある。塩性土壌では，土壌溶液の高い塩類濃度により植物の水分吸収が妨げられて生育を阻害する。ソーダ質土壌ではその名のとおり土壌中に多量のナトリウムイオンが占有して

表 3.3 塩類土壌の分類 [12]

土壌の名称	ECe* [dS/m]	ESP	SAR**
塩性土壌	≧ 4.0	< 15	< 13
ソーダ質土壌	< 4.0	≧ 15	≧ 13
塩性ソーダ質土壌	≧ 4.0	≧ 15	≧ 13

* 土壌溶液（飽和抽出液）の電気伝導度
** 土壌溶液（飽和抽出液）のナトリウム吸着比

いる。ソーダ質土壌の指標には交換性ナトリウム率（Exchangeable Sodium Percentage：ESP）が用いられており，土壌の陽イオン交換容量（Cation Exchange Capacity：CEC）に対する交換性ナトリウムの百分率で表される。

$$ESP = Ex-Na / CEC \times 100 \tag{3.6}$$

ソーダ質土壌は ESP が 15％以上を占める土壌で，通常の塩性土壌と明確な区別を設けている。この土壌は集積する塩類の量ではなく，土壌の粘土粒子表面に吸着しているナトリウムイオンの割合で特徴づけられる。ソーダ質土壌の生成は，ナトリウムを多く含む灌漑水の供給や塩性土壌の改良時に集積した塩類を洗い流す大量の水が原因となる。灌漑水などに含まれているナトリウムイオンが，粘土粒子に吸着していたほかの陽イオンと交換して吸着するためである。粘土粒子にナトリウムイオンが高い割合で吸着すると，粘土粒子がバラバラに分散して，土壌の構造が崩壊しやすくなる。その結果，土壌の隙間がなくなり，排水性・通気性の悪い最悪な状態が作り出される。また，これが乾燥するとカチカチの非常に固い状態になる。特にスメクタイト質土壌が問題となるが，これは粘土鉱物の中でもスメクタイトと呼ばれる一群の層状粘土鉱物は水中で膨潤する性質があり，容易に分散するためである。また，ソーダ質土壌中には多量のナトリウム塩が占有しているが，重炭酸ナトリウムや炭酸ナトリウムなどのナトリウム炭酸塩が多く占めると，結果として強アルカリ性（pHe＞8.5）となる危険性があり，アルカリ性土壌を生成することとなる。このように，ソーダ質土壌では土壌構造の崩壊に伴う土壌物理性の悪化に加え，土壌 pH が上昇する危険性があり，高 pH による養分吸収阻害や粘土の分散など，複合的に土壌が悪化し，作物の生育が著しく阻

害されるばかりか土壌侵食を誘発し、土壌自体が失われることになる。

以上のように、二つの塩類土壌は作物に対する影響とともにその成因、防止、改良方法も大きく異なるため、農地の塩類集積の状態と原因を明らかにすることが適切な土壌管理のための前提条件として重要である。

3.4.2 塩性土壌の特徴と生成機構

塩性土壌の特徴は、土壌中に多量の可溶性塩類が含まれていることである。塩性土壌は、ナトリウム塩よりもカルシウム塩やマグネシウム塩に富んでおり、ESPは15%以下である。しかし、塩類形態としてナトリウム塩が多量に集積した結果ESPが15%以上になり、塩性ソーダ質土壌として存在している地域も多い。塩性土壌下では、塩類は土壌表層あるいは土壌断面内にさまざまな形態（白色の風解物、塩殻、黒色塩類の沈積物、蒸発による塩類の結晶など）で沈積している。塩類は、降水や一時的な灌漑などにより土壌表層あるいは土壌断面内で再分配されている（図3.3）。

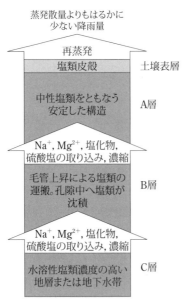

図3.3 土壌の塩性化作用の過程（ブリッジズら（1990）[13]を改変して引用）

土壌中に含まれている塩類の種類によって土壌を特徴づけられる。つまり、土壌溶液中の陽イオンや土壌中の交換性塩基の存在比、特に2価と1価の陽イオンの比に基づいて、土壌型を区分することができる[11]。

カルシウムが支配的な塩類土壌は、土壌溶液と交換態のカルシウムとマグネシウムが、ナトリウムとカリウムよりも優先していることで特徴づけられる。これらの土壌の$(Ca+Mg)/(Na+K)$の比は1〜4で、Ca/Mgの比は1以上である。そして土壌の構造は、脱塩類化後でも安定である。わずかなpHの上昇が起こることもある。

ナトリウムが支配的な塩類土壌は、

ナトリウムが交換態へ選択的に吸着されている。土壌溶液中の (Ca+Mg)／(Na+K) の比は1未満である。これらの土壌の脱塩類化後には強いソーダ質化が起こり，その後構造が破壊される傾向にある。

マグネシウムが支配的な塩類土壌はカルシウムがほとんどなく，構造的にはナトリウムが支配的な土壌に似ている。(Ca+Mg)／(Na+K) の比は1より高く，Ca／Mg の比は1以下で，Na／Mg は1未満である。脱塩類化に際しては交換基のマグネシウムが加水分解を受けて，強いソーダ質化とそれに続く構造の破壊が起こる。

(1) 土壌の塩性化作用

多量の塩類が土壌中に集積する過程が土壌の塩性化作用である。土壌塩性化は時間的にも空間的にも不連続で，塩類が存在している乾燥条件下では至るところで見られる。その塩類の起源はさまざまで，海成，岩石成，火山灰成，熱水成および風成などである。そして土壌塩性化は，灌漑，地下水の管理，施肥，温室栽培における液肥の使用などの農業や，都市廃棄物の廃棄などの人為的活動によって引き起こされる。乾燥地の土壌中あるいは土壌母材中の可溶性塩類は洗脱されにくく，塩類が土壌中に残存している場合が多い。そのため，ひとたび浸潤した際に蒸発によって下層から水分移動し，土壌中の塩類を溶かし込みつつ地表面へ移動し，土壌断面内あるいは土壌表層に塩類のみを集積することにより塩性土壌が生成される。その際，水に溶けにくい塩類から順次沈殿し，最表層にはナトリウムの塩化物や硫酸塩といった可溶性塩類が集積する。また，土壌を被覆している植生の存在量は極めて少なく，土壌有機物の集積は極めて少ないために有機物の還元はほとんど起こらず，微生物活性は制限されている。塩類が土壌表層に集積しはじめると，ただでさえ貧弱な植物の生育はさらに抑制され，水分の蒸散が衰えていく。植物による蒸散が衰えれば衰えるほど，土壌表層の水分蒸発量が多くなり，さらに土壌表層に塩類が集積する。このような悪循環によって塩性土壌が生成されていく。

また，乾燥地で利用される灌漑水中には多かれ少なかれ塩分が含まれており，たとえ灌漑水中に可溶性塩類がわずかしか含まれていなくても，土壌に

過剰な水が施されたとき，土壌中に残存していた塩分が再分配され，土壌の塩性化を引き起こす。灌漑などにより塩類が集積した土壌は，自然環境への人為的作用によってのみ起こるので，二次的塩性土壌と言われている。このように土壌塩性化作用の過程は，自然条件の下で進行する塩性化と灌漑などの人為的要因によって引き起こされる塩性化がある。

(2) 塩性土壌の地理的分布

塩性土壌は，1年間のうちの少なくとも一時期に蒸発散量が降水量を大きく上回り，土壌母材中に塩類が存在している地域に分布している。また，地下水面が季節的あるいは永続的に高い位置にあるか，海岸地域で塩水の侵入の影響があるところであれば，世界中の多くの場所に存在する。その面積は土壌塩性化の程度によっても異なるが，3億9710万haと見積もられており，陸地面積の約3.1%に相当する[5]。主に，アフリカのサハラ地域，西アフリカ，ナミビア，中央アジア，オーストラリアおよび南米などの広い地域に分散して分布している。

自然条件下における乾燥地域では，土壌中に含まれている塩類の集積量や組成は降水量および土性に依存しているところが大きい。しかし，地形的な要因によって自然的に土壌の塩性化作用が引き起こされている地域もある。窪地のような凹面の地形に周囲の地形から雨水や河川水などが浸透や集水により凹地に停滞する地域である。この地域における土壌の塩性化は，表面近くに存在する塩に富んだ地下水に主に影響している。塩は降水ごとに溶液中に溶け込み，年月の経過の間に表層土と下層土の間を往復する。下層土のある部分に水が停滞水となって一次地下水を形成し，乾燥期にその部位から水の毛管上昇によって水溶性塩類が上方に移動集積し，土壌断面内や土壌表層の塩性化を促進し，多量の塩類を土壌に沈積している。

また，塩類の豊富な地層からの供給や，内陸に向かって飛んでくる海水の飛沫の塩に由来することもある。この海水飛沫中の塩による土壌の塩性化の程度は，海からの距離に関係している。このことによる塩の供給は降水を通して行われるが，乾燥または半乾燥地域の土壌中に徐々に集積する。また，亜熱帯および熱帯の海岸地域でも自然的な塩性化が進行した土壌は見られ，

黒海沿岸や熱帯のマングローブ林の地域内などでは多量の塩分を含む土壌が生成している。

そして，土壌表層や土壌断面内に塩類が移動集積し塩性土壌が生成されるのは，塩類が存在する土壌環境に加えて塩類が土壌中に移動集積し，再分配されるためである。この現象は上述の自然的塩性作用のほか，乾いた乾燥地の水分状態では通常は起こり得ない。つまり，大量の灌漑水が乾燥地に導入されるような人為的要因が引き金となる。排水を考慮しないで過剰な水を灌漑するなどの不適切な灌漑は，土壌中に可溶性塩類を次第に集積することになるのである。そのことにより，比較的短期間における二次的塩類集積が引き起こされることとなる。

(3) 塩性土壌の土地利用と管理

塩性土壌下では，土壌溶液の浸透圧，あるいはイオンの毒性によって特殊な景観が見られる。耐塩性の強い植生が認められる地域もあれば，塩湖，塩潟および塩田などによりまったく植生が認められない地域もあり，植生の種類や程度は土壌の塩類濃度による。それは，植物によって塩類が毒性を持つか，可給態養分が少なくて生育を制限するか，土壌溶液の浸透圧が高く生理的な渇水を引き起こすためである。主にアルファルファやナツメヤシのような強耐塩性作物やイネ科草本が生育している。

塩性土壌地帯はしばしば自然状態のまま放置されている。これらの土壌の農業利用は，微妙なバランスのうえに成り立っている。天水農業は，相対的に湿潤な地域でのみ可能で，飼料作物，強耐塩性樹木のほか，コメやキビも生育可能である。さらに乾燥した地域では灌漑が必要である。効果的な排水システムを使って地下水面を深く維持し，注意深く灌漑によって除塩することにより耕作が可能となる。しかし，これには個々の状況に応じた管理の実施，特に過剰の塩類を除去し地下水位を制御する適切な洗脱と排水が必要である。土壌塩性化の防止，化学的劣化や塩類土壌の再生成に関わる問題は，特に開発途上国における灌漑農地の拡大の点でも重要な課題となっている。

3.4.3 ソーダ質土壌の特徴と生成機構

ソーダ質土壌は，ナトリウムの影響を受けて生成した土壌であり，土壌の交換複合体に交換性ナトリウムとして多くのナトリウムイオンが吸着した形態で存在する。それと同時に，土壌溶液中のナトリウムイオン濃度は，カルシウムイオンやマグネシウムイオンなどの二価イオンの濃度よりはるかに高く，ESPは15％以上である。

(1) 土壌のソーダ質化作用

乾燥地における土壌のソーダ質化は，土壌の塩性化に伴って生じることが多い。土壌が硫酸ナトリウムや塩化カリウムなどの中性塩の影響を受けている場合は塩性土壌が生成されるが，炭酸ナトリウム，重炭酸ナトリウム，メタケイ酸ナトリウムおよび炭酸マグネシウムなどの塩類の下ではソーダ質土壌が発達する。これらの塩類中に含まれる陽イオンは，主にナトリウムイオン，カルシウムイオンおよびマグネシウムイオンで，土壌のソーダ質化作用にはこのうちナトリウムが最も重要となる。ナトリウムが溶液中に高濃度で含まれると，石灰質ではない条件下におけるマグネシウムと同様，必然的に交換態へのナトリウムの吸着を引き起こす[14]。ソーダ質土壌が生成すると，土壌のESPが高まり，土壌コロイド物質の分散や変質によって土壌が著しく硬くなるとともに，強アルカリ性を呈するようになる。また，腐植物質の分散によって土壌が黒色化するとともに角柱状構造が発達する。

ソーダ質土壌は，岩石の風化の際に放出されたナトリウムの一部が交換性ナトリウムとなり，これが加水分解されて水酸化ナトリウム（NaOH）となり，空気中の二酸化炭素を吸収して炭酸ナトリウム（Na_2CO_3）を生成，集積している。そして，粘土粒子がナトリウムイオンによって飽和され，それがコロイドとなって分散し，乾燥するときに強固な層を形成することで強いアルカリ性の固い土壌ができる。また，ソーダ質化の生成には灌漑水中の陰イオン組成も大きく関与する。重炭酸イオンや炭酸イオンを多量に含む灌漑水が土壌中で濃縮すると，カルシウムの炭酸塩が沈殿してカルシウムイオン濃度が低下し，土壌溶液中にナトリウムイオンが優勢となることにより，土壌の

ソーダ質化が促進する場合がある。そのため，灌漑水の利用の際には注意をする必要がある。

ソーダ質土壌の生成には土壌のコロイド的な性質が大きく関わっている。つまり，ソーダ質化作用の過程は，多量のナトリウムイオンが粘土―腐植複合体の交換座を占めている場合に起こる。この過程は，溶脱作用によって可溶性塩類が除去されるときに進行する。カルシウムとマグネシウムの溶解度はナトリウムの溶解度より低いため，カルシウムとマグネシウムのような二価イオンが沈殿した後でも，ナトリウムイオンは土壌溶液中に残存する。しかしさらに乾燥すると，残存していたナトリウムイオンは濃縮され，粘土―腐植複合体に付着して交換座を独占する。ソーダ質土壌は，塩類の存在のために分散しやすく腐植に富む表層を持つ，漂白層を持つこともある。ソーダ質土壌は，ナトリウム粘土層の発達が母材に由来する，炭酸塩または重炭酸塩含量の増加と組み合わさったときに生成する。そして炭酸ナトリウムの生成により，pHは8.5を超えるほど上昇する。乾燥条件と，もともと塩類濃度が高い土壌，母材および地下水によって，ソーダ質土壌の生成は促進される。一般的に，ソーダ質土壌は断面内で土色，構造，容積重および粒径組成に違いがある。ソーダ質土壌は，土性が細かいことが多く，暗色で分散しやすい無構造の表層を持つ。表層直下には，漂白層がナトリウム粘土層の上に存在する。ナトリウム粘土層は非常に緻密で，頂部が丸い特徴的な円柱状構造を持つ。透水性が極端に低く，乾くと極端に固い。ナトリウム粘土層の下の母材は，永続的または季節的にナトリウム質および塩分を含む地下水で飽和されており，石灰層または石こう層に適合することもある。

また，土壌コロイド表面にマグネシウムイオンが多く占めている土壌も，ソーダ質土壌と同様なふるまいをすることがある。マグネシウムイオンは，カルシウムイオンよりも約50％大きい水和半径であるため，これらの土壌はより多くの水を吸収する。そのことにより，土壌粒子間の凝集安定性を弱める傾向があり，粘土が分散し，水の浸透速度を低下させる。これらの土壌は湿潤状態になると膨潤する傾向があり，支配的な粘土に依存し，乾燥すると非常に硬くなり，ひび割れを起こし，しばしば固い表面の地殻を形成する。

ソーダ質土壌の景観の連続性は，微小起伏，地表の浸水状態および断面と

● 第3章 ● 乾燥地土壌における塩類動態と塩類集積

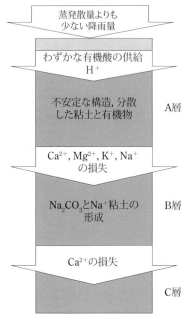

図 3.4 土壌のソーダ質化作用の過程（ブリッジズら（1990）[13]を改変して引用）

地下水中の塩類濃度に左右される。低地に存在するソーダ質土壌は，一般的に厚くて構造が発達した表層を持っている。塩湖の周りの台地では表層は薄く，しばしばよく発達した漂白層が認められる。ナトリウム粘土層は，構造，土色および容積重に差異があるが，湿潤状態での透水性が非常に低い（図3.4）。

(2) ソーダ質土壌の地理的分布

ソーダ質土壌は乾燥地や半乾燥地に分布しているが，主に低地に見られる。平坦な地域で水平方向と垂直方向の排水が妨げられる場所，海成粘土や塩性の沖積堆積物などの元来塩類濃度が高い母材上に広がっている。しかし，ソーダ質土壌と塩性土壌とは，化学性，形態，物理性および物理化学的性質だけではなく，地理的な分布にも違いがある。ソーダ質土壌は土壌中のカルシウム塩よりもナトリウム塩が優占するようなところに，世界中に分散して存在している。その面積は，4億3430万 ha と見積もられており，陸地面積の約3.4％に相当し，地域によっては塩性土壌を随伴している[5]。今や，土壌塩性化の問題を抱えている地域よりも土壌ソーダ質化の問題を抱えている地域のほうが広く，主な地域はウクライナ，ロシア，カザフスタン，ハンガリー，ブルガリア，ルーマニア，中国，アメリカ合衆国，カナダ，南アフリカおよびオーストラリアである。

(3) ソーダ質土壌の土地利用と管理

塩性土壌では栽培植物がある程度の強耐塩性機構を備えていれば生育が可能であるのに対し，ソーダ質土壌では土壌構造が劣化しているために耐塩性

表 3.4 土壌の ESP に対する作物の耐性 [15]

土壌の ESP に対する作物の耐性	作物	作物の反応
弱感受性 (ESP＝2〜10)	落葉果樹 堅果 柑橘類 アボカド	低い土壌 ESP 値においても，ナトリウム毒性症状
感受性 (ESP＝10〜20)	マメ	芝地の物理的条件が良好であっても，低い土壌 ESP 値において生育不全
中耐性 (ESP＝20〜40)	クローバー エンムギ トールフェスク コメ ダリスグラス	養分要因や土壌条件悪化のため，生育不全
耐性 (ESP＝40〜60)	コムギ ワタ アルファルファ オオムギ トマト ビート	土壌物理性悪化のため，生育不全
強耐性 (ESP＞60)	クレステッドウィートグラス トールウィートグラス ローズグラス	土壌物理性悪化のため，生育不全

が強い植物すらも生育が困難な場合がある。そのような土壌環境であるため，作物に対する反応は強耐塩性作物とは異なる（表 3.4）。ソーダ質土壌の植生は非常に特徴的で，複雑な土壌のなかでもその土壌であることを示しており，独特な植生が見られる。腐植に富む厚い表層を持つソーダ質土壌は，イネ科草本植生で特徴づけられる。なかでも優占種は，*Festuca sulcata*（ウシノケグサ属），*Pyrethrum achilleifolium*（キクまたはイソギク），*Artemisia incana*（ヨモギ属）であり，*Parmelia vegans*（地衣類）や *Nostoc commune*（藻類）も共存している。腐植層の厚さが 5cm まで減少し，可溶性塩類が出現すると植生は非常にまばらになり，優先種は *Artemisia maritime salina*（ヨモギ属），*Statice gmelini*，*Camphorosma monspeliacum*，*Kochia prostata*（ホウキギ属）へと変化する。地下水位が高い場合には，*Salicornia herbacea*（ヒユ科），*Saudea corniculata* などの塩生植物が出現する [11]。土壌の高いナトリウム飽和度は，高い塩濃度と同様に植物生産性を減少させる。ナトリウム障害は特に土壌の透水性が低下すること，または炭酸ナトリウムが存在する場合は土壌が部分的に pH11 にまで上昇することに基づく。比較的わずかな

濃度でも，ホウ酸塩が存在すると特殊な障害が出現する。塩類の影響を受けている土壌の生産性は，塩分量またはナトリウム飽和度の増加とともに劣化するが，いくつかの作物はソーダ質土壌下で栽培されており，塩の影響を受けた土壌の大部分は好塩性の植生を伴う牧草地として利用している地域が多い。塩性害は，一般的な栽培植物の場合は土壌の飽和抽出液中の塩含量が約0.3％（電気伝導度 4 dS/m に対応），好塩性植物の場合は約 0.6％（電気伝導度 8 dS/m に対応），極好塩性植物の場合は約 1.2％（電気伝導度 16 dS/m に対応）以上で出現する。比較的塩に抵抗性のある栽培植物は，特にオオムギ，ビート，ワタ，イネ，キビ類，球根類，サトウキビおよびナツメヤシである。発芽幼植物もまた特に敏感である。

　これら二つの塩類土壌は作物に対する影響とともにその成因，防止，改良方法も大きく異なるため，農地の塩類集積の状態と原因を明らかにすることが適切な農地管理のための前提条件として重要である。乾燥地に分布する土壌は絶えず塩性害とソーダ質害の危険性にある。したがって，土壌診断による土壌特性の評価を行うとともに，農業生産の制限要因を明らかにすることにより，乾燥地の生態環境基盤である土壌の保全を続けていくことが大切である。

3.5　土壌診断

　食料生産は土壌を基盤としており，作物が正常に生育するためには土壌環境を作物生育に適した健康な状態に維持することが必要となる。このような土壌の状態を知るためには，土壌診断が必要となる。土壌診断は，いわば土壌の健康診断である。持続的な農業を行うためには土壌の健康を維持することが重要であるため，診断結果をもとに土壌の健康状態を把握し，適切な管理を行うことが環境保全を考慮した農業の実践につながる。

　作物は土壌の状態によって生育が左右される。例えば，土壌の pH が低すぎたり高すぎたりした場合には養分欠乏症が発生する。土壌 pH が低いと窒素，リン，カリウム，カルシウム，マグネシウム，ホウ素およびモリブデンなどの重要な養分が吸収されにくくなる。土壌 pH が高いとマンガン，鉄，

銅および亜鉛などの微量元素が吸収できなくなる。しかしこのような養分欠乏症は，一見しただけでは病害や塩類障害などと区別がつきにくい場合もある。一方，作物の耐塩性もさまざまであることから，作物種と生育状況から土壌中の塩類集積状況を把握する必要がある。土壌診断結果に基づいた農地管理によって，土壌のpHやECを適正に保ち，養分欠乏症の発生を防ぐことは重要なことである。このように土壌診断を行うことで，作物の養分吸収を正常にするとともに，過剰な養分があれば施肥量を削減するなど，コストの削減も可能となる。

3.5.1　野外における土壌診断

　野外において土壌を直接自分の手で触ることにより，手触り，硬さおよび色などの性質が，農地によって異なることが観察できる。また同じ農地においても，土壌の深さによってそれらの性質の違いが観察できる。

　まず，土壌の塊を手で握ったときの乾湿によってそのときの水分状態が確認できる。土壌の水分量は降雨や灌漑に影響されるが，土壌断面内における水分状態によって，土壌の透水性とともに地下水の影響も確認することができる。

　また土壌の硬さは，一般に山中式硬度計（**写真3.1**）で測定できる。土層における土壌粒子の粗密の程度を表す。円錐形の金属貫入部が土壌を貫通するときに示す土壌の抵抗値を数値化して表すことが可能である。生産力の高い土壌では，作土直下の有効土層は12〜18 mmくらいの値である。18 mmという数値は，だいたい親指が容易に差し込める硬さである。農作物の根の伸長にとって好適な硬さの基準は，根の肥大を必要とする根菜類では18 mm以下，花きは17 mm以下であるが，ほかの農作物はほぼ20〜22 mm以下である。値が高いと土壌が硬くなり根の伸長が阻害されるため作物の生育に

写真3.1　土壌硬度計（大起理化工業株式会社カタログより）

表3.5 炭酸塩と塩酸溶液の反応による土壌区分[16]

区分	炭酸塩含量[%]	基準
非石灰質	0	音によっても発砲が認められない
弱石灰質	0〜2	音によってのみ発砲が認められる
中石灰質	2〜10	発砲が認められる
強石灰質	10〜25	激しく発砲し，泡が薄い層を形成する
極強石灰質	＞25	非常に激しく発砲し，泡が厚い層を形成する

写真3.2 バレンシアオレンジの鉄クロロシス
（メキシコ合衆国）（撮影：遠藤常嘉）

大きな影響を及ぼす。乾燥地域に分布するソーダ質土壌は，土壌コロイド表面のナトリウムイオン率が高いため，土壌コロイドが湿潤すると分散し，乾燥すると極めて緻密な硬い層（ナトリック層）が形成される。緻密なナトリック層を硬度計で計測すると，30 mm以上を示す。

そして土壌の色（土色）は土壌の最も重要な形態的特徴の一つであり，化学的，物理的および生物的性質と密接に関係している。土色の表示はマンセル表色系に準じた「新版標準土色帖」（農林水産省農林技術会議監修）を用いて行う。土色は腐植の多少と鉄化合物の形態によって支配され，一般的に黒色味の強い土壌は腐植に富み，赤色味の強い土壌は酸化的，青色味の強い土壌は還元的である。このような土色を判定することによって，有機物の投入状況や排水性の良悪が判断できる。また，乾燥地土壌断面では溶解度が低い炭酸カルシウムの白色の集積層が沈積しているのを確認できる場合がある。

乾燥地の農地利用においては，土壌診断によって土壌塩性化や土壌ソーダ質化の状況を把握することが極めて重要である。乾燥地域では降水量が少ないため，土壌断面内に炭酸カルシウムや炭酸マグネシウムなどの炭酸塩が集積しているが，炭酸塩が10％塩酸溶液と反応して炭酸ガスを放ち発泡することを利用して炭酸塩含量の推定ができる（**表3.5**）。また，土壌中の塩分量や養分量によって作物に塩類障害や生理障害が発生している場合も多く見

粘土と砂との割合の感じ方	ザラザラとほとんど砂だけの感じ	大部分（70〜80%）が砂の感じで、わずかに粘土を感じる	砂と粘土が半々の感じ	大部分は粘土で、一部（20〜30%）砂を感じる	ほとんど砂を感じないで、ヌルヌルした粘土の感じが強い
分析による粘土	12.5%以下	12.5〜25.0%	25.0〜37.5%	37.5〜50.0%	50%以上
記号	S	SL	L	CL	C
区分	砂土	砂壌土	壌土	埴壌土	埴土
簡易的な判定法	棒にもハシにもならない 	棒にはできない 	鉛筆くらいの太さにできる 	マッチ棒くらいの太さにできる 	コヨリのように細長くなる 

図3.5 野外土性の簡易判定法（藤原 2013[17]）を改変して引用）

られる。例えば、土壌 pH が 8.5 を超えるアルカリ性土壌では、鉄欠乏によるクロロシス（葉の黄白化）が頻繁に発生しており、可給態リン酸も減少している危険性がある（**写真 3.2**）。一般に、作物体内では養分移動に差があり、窒素、リン、カリウムおよびマグネシウムは作物体内で移動しやすいため、下位葉から欠乏症が発現しやすい。一方カルシウムや鉄は作物体内で移動しにくく、上位葉および新葉から欠乏症が発現しやすい。つまり同じクロロシスでも、下位葉から欠乏症が発生したら窒素などの不足と考えられ、上位葉から発生したらカルシウムや鉄欠乏の可能性が考えられる。

そして、作土層の塩類の集積状況には土壌の性質、特に下層土の透水特性が大きく影響していることが多い。土壌の粒の大きさを所定の割合に区分し、その組成を土性として示すことができるが、土壌の透水特性は土壌の粘土含量に大きく反映していることから、作土層の塩類の集積状況は土性によって評価できる。そこで、野外で土性を判断する簡便な判定指標によって、今後起こりうる塩類集積の状態や危険性を予測して土壌管理に反映させることができれば有益な情報となる。野外土性は少量の土壌を採り、少量の水を加えて指先でこねることにより、砂粒子の感触や粘着性、可塑性などから判断することが可能である（**図 3.5**）。

3.5.2 乾燥地における土壌診断

乾燥地で農業を営むうえで制限因子となっているものの一つに、土壌中に存在している塩類がある。乾燥地土壌中の塩類は、農地によって集積量や組

成が異なるうえ，同一農地内でも灌漑法により塩類動態が異なる。したがって，土壌中の集積塩類の量と組成の的確な把握は，土壌断面内の塩類動態を解明し土壌の塩性化やソーダ質化の機構を理解するための有効な手段といえる。土壌水中には種々の養分などが溶解しており，これを土壌溶液という。植物養分の大部分はこの溶液を経て吸収されており，土壌溶液の組成はその生育時期における養分の供給性を直接表している。土壌中の集積塩類量や塩類組成の多様性は土壌溶液にも反映されている。つまり，土壌の塩性化やソーダ質化の状況を理解するために土壌中の集積塩類の量・組成と土壌溶液との関係を把握することは重要な課題である。

　土壌溶液についての研究の重要性がCameronによって報告[18]された後，現場の土壌溶液組成と土壌水抽出液組成に関して1920〜1960年代に精力的に研究が行われてきた。これらの研究の結果，可溶性塩類を含む土壌では塩類の量や組成によって土壌溶液組成が異なること，さらには水分量によって溶出イオン濃度も変化すること，土壌溶液中のそれぞれのイオンの活量と植物へのイオン吸収量は高い相関があること[19]が明らかになった。土壌溶液は植物に直接養分を供給する源であることからも，土壌溶液イオン組成の重要性は強く認識されている。乾燥地土壌を対象とした土壌溶液の評価は，アメリカ合衆国塩類研究所のスタッフらを中心に進められ，現場の実態に即した塩類の評価が議論された[20],[21]。

　土壌溶液に溶存している塩類の濃度は，土壌の水分含量と逆の関係にある。したがって，作物生育に関連させようとして塩類濃度を測定する場合には，土壌の水分保持特性を考えに入れて行わなくてはならない。例えば，乾土あたりで表した塩類含量が砂質土壌と粘質土壌で同一であっても，土壌溶液の濃度は異なってくる。このような差異は土壌の水分保持特性に基づくものであるため，土壌間の相違を対比できるようにするためには，物理的意義を持つ水分条件において溶液を採取することが望ましい。

　土壌溶液中の塩類濃度が一定の限界値を一時期でも超過すると，植物の生育は著しく抑制される。しかし，土壌溶液に溶存する塩類は土壌中に残存するものの量と比べるとはるかに少ないことが多い。そのため，土壌溶液組成は土壌の乾湿や施肥によって変動する。このような土壌中の集積塩類の量や

組成の多様性は，灌漑による塩類動態にも反映される。つまり，乾燥地の灌漑農業の重要な技術課題の一つに貴重な水の有効利用が挙げられるが，灌漑法によって塩類動態は大きく異なる。

3.5.3 土壌の化学性

　土壌溶液の化学分析は，陽イオン濃度を原子吸光光度法，陰イオン濃度をイオンクロマトグラフィー法，重炭酸イオンをアルカリ度法などで測定する（土壌環境分析法編集委員会，2003）。また，乾燥地土壌の養分保持力を評価する指標としての陽イオン交換容量の測定法は数多く提案されている[22]〜[29]。
　土壌固相に吸着されている交換性陽イオンの量や組成は，土壌溶液中の陽イオンの濃度と組成に大きく依存している。特に，土壌溶液のナトリウム吸着比（Sodium Adsorption Ratio：SAR）は比較的簡単に得られるため，乾燥地土壌のソーダ質害の間接的な指標として土壌の ESP を評価するときに利用されている。つまり，土壌溶液中のナトリウムイオン，カルシウムイオンおよびマグネシウムイオンの濃度（mmolc/L）から，以下の関係式により，ESR（Exchangeable Sodium Ratio：交換性ナトリウム比）と ESP が推定できる。

$$\mathrm{SAR} = \mathrm{Na} / [(\mathrm{Ca}+\mathrm{Mg})/2]^{0.5} \tag{3.7}$$

$$\mathrm{ESR} = \mathrm{ESP}/(100-\mathrm{ESP}) = K_G \cdot \mathrm{SAR} + c \tag{3.8}$$

ここで，K_G はイオン交換平衡定数（Gapon 交換平衡定数を単位調整のため $\sqrt{1000}$ で割った値），c は補数である。乾燥地土壌における陽イオン交換平衡定数は，一般的に Gapon 交換定数が用いられるが，これは一価と二価のイオンの交換平衡式としては最も単純で，しかも比較的広いイオン濃度の範囲にわたって小さい幅の係数値で平衡関係を記述することができる利点がある[30]。K と c の値は土壌の性質によっても異なるが，例えば米国農務省の報告書では，米国西部の 9 つの州における 59 点の土壌に対して，K と c の値をそれぞれ 0.01475，−0.0126 としている[12]。SAR 値 13 は ESP 値 15 にほぼ相当することから，ESP のかわりに土壌溶液の SAR を用いての分類も大よそ可能である。しかし，これまで報告されている K_G（Gapon 交換定数）

の値は 0.005 以下[31]から 0.03 以上[32),33)]と,研究者によっても見解が異なっており,それらは現在でも一致した見解を示していない。これは土壌中にはさまざまな粘土鉱物などが含まれており,粘土含量もさまざまであるためと考えられている。

また,土壌溶液濃度が変化すると土壌表面のイオン組成にも変化が生じる。土壌溶液中の一価イオンと二価イオンの比率が同じである場合,土壌溶液濃度が高くなると土壌表面に吸着する一価イオンの割合が高くなる。つまり,水分蒸発に伴い土壌溶液の塩分濃度が増加し,土壌の塩性化が進行すると同時に土壌中へのナトリウムイオンの割合が増加し,土壌のソーダ質化が進行することを示している。

乾燥地の土壌は絶えず塩性害とソーダ質害の危険性にある。したがって,乾燥地の生態環境基盤としての農業生産の制限要因を明らかにし,土壌保全を続けていくためにも,土壌特性を理解し土壌診断を絶えず行い,土壌中の塩類集積状態を評価することが大切である。

3.5.4　土壌中の塩類濃度

土壌溶液中の塩類濃度を知る指標として EC が用いられ,塩類集積と作物の生育障害との関係を推測する有力な手段の一つとなっている(表 3.6)。EC とは溶液の比抵抗の逆数をいい,S/m,dS/m および mS/m を単位として表し,この値が高い土壌ほど溶液中の陽イオンおよび陰イオン含有量が多いことを意味する。つまり,溶液の電気伝導度は溶液中のイオン量によって規定される。溶液中のイオンの当量伝導度はイオンの種類によって多少異なるが,伝導度値により溶液中の電解質の量を比較することができる。

表 3.6　水飽和土壌抽出液における作物生産に及ぼす塩類濃度(ECe)の影響[12]

ECe [dS/m]	作物の反応
0〜2	ほとんど影響がない
2〜4	非常に耐塩性の弱い作物の収量が制限される
4〜8	ほとんどの作物の収量が制限される
8〜16	耐塩性の強い作物だけが満足な収量を生産する
>16	非常に耐塩性の強い作物だけが満足な収量を生産する

土壌の塩類濃度の測定法には，
① 土壌中の塩類の量を直接測定して乾土あたりの重量％などで表示する方法
② 土壌溶液の浸透圧あるいは電気伝導度を測る間接法
③ 比較的多量の水で土壌を浸出して，浸出液の電気伝導度を測る間接法
などがある。塩類過多による作物の生育障害は，特殊の有害成分が含まれている場合を除いて一般的には，土壌溶液の浸透圧増加による作物根の養水分の吸収阻害が主な原因とされているため，土壌溶液を採取してその濃度を測る②の間接的な方法は，作物の障害との関連が大きい方法といえる。多量の水で土壌を浸出する③の方法では，塩類の組成や比率などの点で土壌溶液とは異なる浸出液を測定することになるが，土壌中の可溶性塩類の全量に対応する測定値が簡便な方法で得られ，塩類過多による障害の可能性を知ることができる。

(1) 水飽和土壌抽出法による土壌EC

土壌中の塩類濃度は，塩類過多による作物の障害の回避や耐塩性の強い作物の導入などの目的で測定される。土壌への塩類集積量が生産力低下の大きな原因の一つに挙げられ，その対策のために塩類濃度の測定は必要である。乾燥地土壌中の塩類濃度を測定する場合の最も一般的に採用される方法は水飽和抽出法で，米国やカナダの土壌科学会で採用されている飽和抽出液を作成する方法である。風乾土壌に脱イオン水か蒸留水を少量ずつ加えながらよく撹拌し，土壌ペーストを調整後，減圧ろ過により土壌溶液を採取する。土壌は単粒構造もあれば団粒構造の土壌もあり複雑である。特に粘質土壌の場合，塩が土壌に吸着し水を加えただけでは塩が溶け出してこない。塩類土壌に対してさまざまな方法が提案されているが，水飽和抽出法はこれまでにも多くのデータが蓄積され，比較材料として広く採用されている。土壌ペーストをつくるためには，土壌が粘土に富むほどそれだけ多くの水を用いなければならないので，この方法で灌漑水の必要量に及ぼす粘土含量の影響も理解できる。塩害を除くためには，土壌の塩含量が同じである場合は，土壌が粘土に富むほどそれだけ多量の灌漑を行わなければならないことが示唆される。

測定した塩濃度が高すぎる場合は，土壌溶液の高浸透圧にもとづく塩害が植物に現れる。

しかし，この水飽和土壌抽出法を砂質土壌に対して適用する場合は困難である。砂は単粒構造であるため，飽和状態ではわずかな振動で土壌構造が変化し，液状化現象を起こして表面に水がたまりやすい。また，この表面水を除去して飽和ペースト状態にすると乾燥密度が増加してしまう。

（2）多量の水抽出による土壌 EC

土壌溶液の採取は時間と装置を必要とするため，現場で短時間に大量の試料を測定する方法としては適当でない。これに代替する便宜的な方法として，多量の水による土壌の抽出法が電気伝導度による塩類濃度の測定として用いられることもある。

この抽出液中の塩の種類や組成は，圃場における土壌溶液中のそれらとは大きく異なるため，この方法による抽出液が圃場条件下の土壌溶液をそのまま希釈したものと考えることはできない。しかし，多量の水による抽出液の濃度は土壌中の可溶性塩類の全量に対応するものといえる。

土壌1に対して1倍量および5倍量の水を添加する1:1水抽出法および1:5水抽出法では土壌中の水溶性塩類の全量に対応した値が得られる。現場における塩類集積対策や残存している肥料の推定のためには，多量の水による浸出法，例えば乾土重の5倍の水で浸出する1:5浸出液の電気伝導度を測る方法が実用的であるといえる。この方法は簡便であるため，日本では非常に広く普及している。塩類濃度の測定値から土壌中の有効肥料成分量を知ることは一般的には不可能であるが，日本におけるビニールハウスの土壌浸出液について電気伝導度値と硝酸態窒素濃度との相関が高いことから，電気伝導度値で土壌中の窒素量を推定しようとする試みがある。しかしながら，実際の土壌溶液の塩類濃度や塩類組成を正確には反映していない。これは，塩類の種類によってその溶解度が異なり，土壌に添加する水の量が多いと実際の土壌溶液中では溶解しにくい塩も溶解してしまうためである。

3.5.5 土壌の pH

作物は土壌 pH によって生育が大きく左右され，土壌 pH を適切に保たないと高収穫は期待できない。作物の種類によって生育に適した土壌 pH 値は異なるが，一般的に土壌 pH が弱酸性から中性付近で最も生育が良く，強酸性や強アルカリ性では生育不良となる（**表 3.7**）。

また，pH6 〜 7 の範囲で特に多量必須元素の有効性が高く，作物の生育が旺盛になる一つの要因になっている。しかし，既述したように乾燥地土壌の pH は 7 を超えていることが多く，灌漑水の施用により pH が上昇する場合がある。土壌がアルカリ性になると土壌中のマンガン，鉄，銅，亜鉛およびホウ素などの微量元素を不溶化させるため，これらの微量元素欠乏を生じる可能性があるため注意が必要となる（図 4.8 参照）。

表 3.7 作物による最適土壌 pH の範囲（Spurway（1941）[34]より抜粋）

作　物	適正 pH	作　物	適正 pH	作　物	適正 pH
畑作物		園芸作物		野草	
アルファルファ	6.2〜7.8	アスパラガス	6.0〜8.0	タンポポ	5.5〜7.0
オオムギ	6.5〜7.8	テンサイ（食用）	6.0〜7.5	マメダオシ	5.5〜7.0
エンドウ	6.0〜7.5	ブロッコリ	6.0〜7.0	アワ	6.0〜7.5
テンサイ（砂糖）	6.5〜8.0	キャベツ	6.0〜7.5	オヒシバ	6.0〜7.0
ブルーグラス	5.5〜7.5	ニンジン	5.5〜7.0	ヒメカモジグサ	5.5〜6.5
トウモロコシ	5.5〜7.5	カリフラワー	5.5〜7.5	カラシナ	6.0〜8.0
エンバク	5.0〜7.5	セロリ	5.8〜7.0	果樹	
ラッカセイ	5.3〜6.6	キュウリ	5.5〜7.0	リンゴ	5.0〜6.5
イネ	5.0〜6.5	レタス	6.0〜7.0	アンズ	6.0〜7.0
ライムギ	5.0〜7.0	マスクメロン	6.0〜7.0	ブドウ	5.5〜7.0
ソルゴー	5.5〜7.5	タマネギ	5.8〜7.0	ブルーベリー	4.5〜6.0
ダイズ	6.0〜7.0	バレイショ	4.8〜6.5	オウトウ（酸果）	6.0〜7.0
サトウキビ	6.0〜8.0	ホウレンソウ	6.0〜7.5	オウトウ（甘果）	6.0〜7.5
タバコ	5.5〜7.5	トマト	5.5〜7.5	モモ	6.0〜7.5
コムギ	5.5〜7.5			パイナップル	5.0〜6.0
				ラスベリー	5.5〜7.0
				キイチゴ	6.0〜8.0

3.5.6 簡易な土壌診断機器

写真 3.3 簡易な土壌診断機器を利用した土壌断面調査（撮影：遠藤常嘉）

本格的な土壌診断は専門的な分析の知識と技術が必要であるが，簡単に分析することが可能な機器が開発されているため，手軽にも土壌診断が行える。簡易な土壌診断は測定項目や測定の検出範囲が限定されるなどの制約があるが，スピーディに傾向を把握するなど，目的によっては十分に活用できる。

「Dr. ソイル」（土壌養分検定器）は土壌中のアンモニア態窒素，硝酸態窒素，可給態リン酸，カリウム，石灰，苦土，可給態鉄，交換性マンガンおよび塩化ナトリウムを一つの抽出液で分析することができる。また，ポケットに入るような小型の「pH メータ」「デジタル EC メータ」「硝酸イオンメータ」や，農作物の栄養診断もできる「RQ フレックス」もある。さらに，土壌中に測定センサーを埋め込むことによって土壌含水率，土壌温度および植物が利用可能な気孔水の電気伝導度の測定をすることができる W.E.T センサー（Delta-T 社製）もある。このような機器を農地に持ち込むことによって土壌診断を直接行うことも可能である（**写真 3.3**）。

乾燥地の土壌は絶えず塩性害とソーダ質害の危険性にある。したがって，乾燥地の生態環境基盤としての食料生産の制限要因を明らかにし，土壌保全を続けていくためにも，土壌診断を絶えず行い土壌の特性を評価することが大切である。簡易な土壌診断を行うことによって，あらかじめ土壌塩類化の予防と対策を見いだすことも十分に可能であると考えられる。

3.6　乾燥地域に分布する土壌の特徴と土壌塩類化の実態

本節では，乾燥地域における土壌塩類化の実態について，カザフスタン・シルダリア川下流域，メキシコ・カリフォルニア半島および中国陝西省洛恵渠灌漑区における事例を紹介する。

3.6.1 大規模灌漑農業開発によってもたらされた土壌劣化 カザフスタン・シルダリア川下流域

中央アジアにあるアラル海は，かつては面積6万6000 km²もある巨大な湖であった。1960年代より，アラル海に流入するシルダリア川とアムダリア川から農業用に多量の取水をする大規模灌漑事業が行われ，流域農地は一時的にコメやワタの生産が増加し，旧ソビエト連邦を支える重要な拠点であった。しかし灌漑による水の取水に伴ってアラル海への水の流入が遮られ，湖の面積はかつての約5分の1に縮小し[35]，豊かな漁業はほぼ壊滅に至った。そして，かつては莫大な農業生産を得た農地も次第に塩類集積による生産力の低下が顕著となった。ひとたび塩類集積による農地の劣化が始まると，塩類除去のため一層多量の水を使わなければならず，このことが土壌塩類化をさらに助長するという悪循環に陥り，最終的に農地を放棄せざるを得ない状況に至っている。

20世紀最悪の環境破壊といわれるアラル海問題を引き起こした大規模灌漑農地の一例として，アラル海から約350 km東のシルダリア川下流域に位置するカザフスタン共和国クジルオルダ州の集団農場について概説する。

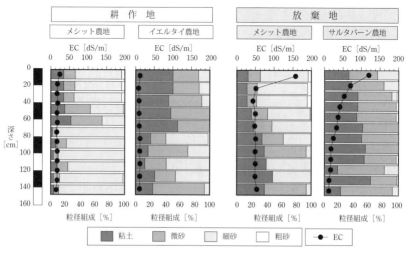

図3.6 カザフスタン・シルダリア川下流域における粒径組成とECの一例

写真 3.4　大量の塩類が集積した放棄農地（撮影：遠藤常嘉）

写真 3.5　塩類集積した土壌断面（撮影：遠藤常嘉）

対象農場はシルダリア川の氾濫原に位置し，数か所の灌漑ブロックに分かれている。調査農地の土壌母材はシルダリア川による堆積物であり，同一農地でも堆積様式はかなり異なっていた。塩類集積放棄地は点在ではなく，各ブロック内にまとまって出現しており，放棄地は下層が粘土に富む粘質な土壌，耕作地は下層が砂に富む砂質な土壌であり，下層土の土性が塩類集積に大きく関与していた（図 3.6）。放棄農地では地表面に 1～2 cm の厚さで吹き出した塩がたまっており，土壌断面内に塩の結晶が析出している地点も認められた（写真 3.4, 3.5）。調査農場の内，比較的新しい農地でも 10 年ほどの耕作で土壌 EC が約 10 dS/m に達し，塩性土壌の基準（EC≧4 dS/m）を大きく上回っており，栽培条件としてはすでに限界を超えた状況の農地も認められた。灌漑面積約 1 900 ha のうち，30％に相当する約 600 ha が塩類集積のために放棄されており，放棄地の表層土壌の EC は 100 dS/m を超えている地点もあり，海水濃度を上回るほどの多量の塩類が集積されていた。

このような土壌塩類化の原因は，排水不良の環境下において多量の灌漑水を利用することに起因している。つまり土壌への多量の塩類集積は，排水を悪化させる粘質な下層土と大量の水を利用する水稲作を含む輪作体系が複合的に絡み合い，ウォーターロギングにより作り出された結果であった。

それぞれの灌漑ブロックで水稲作などが行われるとき，常に水路内に水が

存在することによって周辺の地下水位が上昇する状況であった。したがって，地下水位の上昇を回避するためにも水路を整備するとともに排水を漏水させないように管理する必要がある。また，農地の塩類化を抑え除塩効果を高めるためには土層内の粘質な層を破壊するか，排水能を整備するなどをして水はけを良くすることが有効な手段の一つとして挙げられる。

　大規模灌漑計画の結果，アラル海の面積の縮小とともに塩分濃度は著しく上昇し，アラル海の生態系活動はほぼ停止した。周辺地域では砂嵐が多発し，塩分を含む微粒子を多量に飛散させ呼吸器疾患が多発している。また，灌漑農業の促進に伴い住民の重要な水源でもある地下水も塩で汚染され，腎臓障害や感染症をはじめさまざまな健康障害が発生している。この地域における土壌塩類化は極めて深刻な状況であることは明らかであり，農業だけでなく地域住民の生活そのものにまで大きな影響が及んでいる。

3.6.2　土壌保全の鍵を握る節水灌漑
　　　　メキシコ・カリフォルニア半島

　メキシコ合衆国北西部に位置するカリフォルニア半島は年平均降水量が 250 mm 未満の乾燥地であり，メキシコ国内で最も乾燥した地域である。作物栽培には灌漑が必須であるが，河川など地表水として常時存在する水資源はなく，利用可能な水資源は地下水に限られている。地下水はナトリウム塩（塩化ナトリウム，ナトリウム炭酸塩）を主体としているが，過剰な地下水の取水により灌漑水に海水が混入し，水質悪化と土壌塩類化の問題を引き起こしている地域も見られる。

　カリフォルニア半島南部に位置するラパス周辺の灌漑農地についてみると，この地域における灌漑による塩類の動態は水の動きに関係する土壌の特性により大きく異なっており，この状況はカリフォルニア半島全体においても共通の懸念事項であった。

　透水性の良い砂質農地では土壌中の塩類は洗脱傾向で集積量はわずかであったが，土壌中の塩類組成が大きく変化し土壌 pH が著しく上昇していた。わずか1年間の灌漑によって pH が 8.0 から 9.0 近くに上昇した農地もあった。これは，ナトリウムイオンと重炭酸イオン濃度が高い灌漑水に起因するもの

であり（表3.2），カルシウム塩が洗脱され土壌溶液中にナトリウム炭酸塩を主体とするナトリウム塩の占める割合が増加した結果であった。砂質土壌の分布する管理歴の長い農業地帯の地下水には，施された肥料を起源とする高濃度の硝酸で汚染されている地域も認められた。

一方透水性の悪い粘質農地では，ナトリウム塩を主体とする塩類が顕著に集積する傾向が認められた（写真3.6）。それらの塩類集積は，主に灌漑水中の塩類や肥料成分によるものであった。利用可能な水資源が量的に限られているため，湛水害が生じるほどの過剰灌漑にはなっていないが，利用可能な地表水が恒常的に存在しないため，塩類を洗い流して除去するための水の確保ができないというジレンマがある。しかし点滴灌漑を導入している農地では，良質とはいえない灌漑水にも関わらず十年以上栽培している農地も多くあり，節水型のより効率的な灌漑が長期的な農地利用にいかに重要であるかを示唆していた（写真3.7）。

写真 3.6　ソーダ質化した農地（メキシコ合衆国）（撮影：遠藤常嘉）

写真 3.7　貴重な水資源の有効利用を考慮した点滴灌漑農地（メキシコ合衆国）（撮影：遠藤常嘉）

当地の生産者にとって土壌塩類化は最大の懸念事項である。地下水に依存するこの地域の灌漑農地の塩類集積は，灌漑水から付加される塩類の量と土壌中での動態に大きく影響されており，灌漑水の塩類濃度と土壌の透水性に関わる特性がその要因として挙げられた。土壌への塩類集積量を減らし持続性を高める最も効果的な手段は節水である。節水灌漑により過剰な地下水の取水が是正され，水資源の量的，質的な改善が期待できる。その結果，農地に付加される塩の量が相乗的に減少し土壌塩性化のリスクを大きく減らすことができる。節水が土壌と水資源の保全にもたらす効果は極めて大きいが，

生産者の節水への意識を向上させる必要もある。貴重な水資源を持続的に利用し農地の生産性を維持するためには，生産者自身が節水の意義を理解し実践に結びつけることが重要である。また私たちもこれらの状況を生産者に伝え，協働していくことは大切なことである。

3.6.3 土壌の性質によって異なる土壌塩類化
中国・陝西省・洛恵渠灌漑区の農地

　黄土高原は起伏が大きい地形のため排水がよく，地下水が深いため塩類集積は比較的起こりにくいと言われているが，河川沿いの低位部や下流側の平坦な台地部に位置する灌漑農地ではウォーターロギングに起因する塩性化した農地が存在する。黄土高原の南端，関中盆地東端に広がる洛恵渠灌漑区は，灌漑区の南端に黄河支流の洛河が流れている農業地帯である。洛河を主な水源とする灌漑区は，その左岸の大荔地域に広がる洛東区と，右岸の蒲城地域の洛西区からなる。灌漑区は 1950 年から灌漑が始められ，現在に至るまで陝西省の主要な農業生産の基盤となっている。しかし近年，大量の灌漑水の施用により（**写真 3.8**）地下水が上昇し，土壌の塩類化が顕在化しはじめている。この 100 km^2 スケールの灌漑スキームにおける二次的塩類集積防止のための合理的かつ適切な土壌管理について，塩類集積の空間的な不均一性とその要因としての土壌特性との関係について紹介する。

　洛東区（約 3 万 2 000 ha，東西 31 km，南北 16 km）は南に向かって傾斜した地形で，南北で約 40 m の穏やかな標高差があり，標高の高いほうから高位，中位および低位の三つの河岸段丘面で構成されている。主要な栽培作物はワタ，コムギ，果樹（リンゴ，ナシ，ナツメなど）である。当地は夏雨型の半乾燥地域で，黄土高原の中では比較的降水量が多く年降水量は 550 mm に達し，年蒸発量は約 1 700 mm ある。農地は主に粘土 15 〜 35 %，微砂 15 〜 40 % および

写真 3.8　大量の水を利用している畝間灌漑農地（中華人民共和国）（撮影：遠藤常嘉）

砂（細砂主体）40～70％の，埴壌土～軽埴土（細粒～中粒質）の堆積物で構成されていたが，段丘面によって堆積様式が異なっていた。段丘面によって土壌の発達程度（土壌層位の構成）が異なり，高位面ほど土壌生成が進行している特徴を示していた。土壌生成年代が古い高位段丘面では下層の粘土と微砂含量が多いのに対して，年代の新しい低位段丘面では全層にわたり比較的粗粒な土壌であった。主要な灌漑用水である洛河の水質はECが1.3～1.6 dS/mであるが，農地に届くまでに2 dS/mに上昇していた。灌漑区内に点在する灌漑用井戸の地下水のECは平均3 dS/mであり水質は良いとは言えない。

　そして段丘面により異なった塩類動態が認められた（**図3.7**）。高位段丘面では下層土が粘質で塩類が洗い流されにくい環境下に置かれているのに対し，中位～低位段丘面では粗粒な下層土であるため塩類が洗い流されやすい環境下に置かれていた。そのため中位～低位段丘面では，ナトリウム炭酸塩を含む灌漑水による土壌中の塩類の洗脱過程で塩類組成が変化し，土壌が高pH環境下に置かれていた。つまり，土壌塩性化が進行している地点の土壌pHは低く抑えられていたが，塩類が洗脱されて土壌ECが低下した地点で

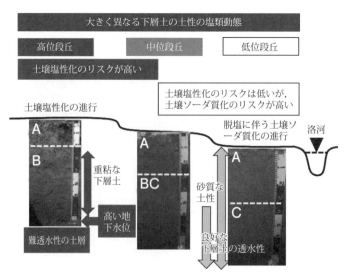

図3.7　中国・陝西省・洛恵渠灌漑区における地形と土壌の関係

は土壌 pH は高くなっていた（**図 3.8**）。土壌 pH が高くなっていた地点においては，敏感な果樹の葉には微量元素欠乏症などの障害も認められた（**写真 3.9**）。

この地域では，段丘面によって異なる土壌母材の堆積様式と土壌の生成過程が下層土の土壌特性に反映され，そのことが土壌の透水性に影響していた。結果として下層土が粘質な高位段丘面の排水不良地域では土壌塩性化が，下層土が粗粒な低位段丘面の排水良好地域では土壌ソーダ質化が進行し，空間的に異なる塩類集積状態が作り出されていた。

塩性土壌とソーダ質土壌ではその改良方法は大きく異なる。そのため対象とする農地がどちらの問題に直面しているのか，どちらの危険性が高いのかを判定する必要がある。例えば，塩類集積状況やそれらに関連

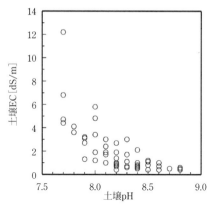

図 3.8 中国・陝西省・洛恵渠灌漑区における土壌 pH と土壌 EC の関係

写真 3.9 土壌 pH の上昇に伴うリンゴの微量元素欠乏（中華人民共和国）（撮影：遠藤常嘉）

する土壌特性についての空間変動を解析することは，灌漑区の適切な土壌管理法を立てるうえで有効である。そして土壌塩類化の危険性を非常に簡易な指標で予測できれば，塩類化を回避するための管理に活用できる。灌漑区内の塩類の集積状況は土壌の性質，特に下層土の透水特性が大きく影響していることから，野外土性のような簡便な手法で下層土の性質を判定すれば（図 3.5），今後起こりうる塩類集積の状態や危険性を予測して，土壌管理に有益な情報として反映させることができる。つまり，表層に塩が析出していなくても野外で下層土の土壌を指でこねて粘土や砂の多少を判定し，粘質（ネバネバした感触）であれば塩性化の危険性が高いと診断できる。その場合は適

切な除塩や暗渠などの排水対策が必要である。土壌塩性化の防止と改良のためには塩類を効率的に洗い流すことが必須である。洛東区にはそのための排水設備が導入されており、一部機能が不十分なところもあるが塩害に対する対策は講じられている。したがって下層土に難透水性の層が存在する場合、暗渠などの地下排水性を良好にするための方策が必要である。一方、下層土が砂質（サラサラ、ザラザラした感触）であれば、除塩対策よりもソーダ質化の対策を積極的に講じることが必要となる。ソーダ質土壌の場合には水による塩類の洗脱では根本的な改良はできないばかりか、乾燥地域に特有な重炭酸イオン濃度の高い水による過度の洗脱はアルカリ性化を助長してしまう。降水による塩類の洗脱過程でも同様の影響が現れる。ソーダ質土壌の改良は土壌化学性の改良が基本となり、土壌溶液中のカルシウム濃度を高め土壌中に含まれているナトリウムをカルシウムと交換する必要がある。実際には石こうのようなカルシウム資材、難溶性カルシウム塩の可溶化を促進させるための硫黄華などを施与することも必要である。このような高 pH 環境下で、不可給化しやすい微量元素が作物へ吸収されるよう、養分元素のバランスを適正状態に維持するための検討も必要である。栽培作物や土壌改良資材の選定など大規模な灌漑区における塩類集積の問題は、塩類の集積状態の多様性や不均一性を広域的に評価し、適切に対処しなければならない。

3.7 土壌塩類化に対する今後の農地管理のあり方

　乾燥地域や半乾燥地域の灌漑農業は、激しい蒸発散量を灌漑水の利用によって補給し作物生産を可能とするが、それは同時に灌漑水中の塩類を土壌中に付加することにもなる。いったん生成された塩類土壌を耕地として改良するためには莫大な量の良質な水と労力およびコストを必要とするため、土壌塩類化の進行した耕地は放棄されることが多い。その結果、土壌劣化は確実に進行することとなる。

　一方、世界人口は今後急速に増加することが予測されており、食料の増産は将来にわたって急務の課題である。乾燥地域や半乾燥地域には多くの人が住んでおり、人口増加の一途をたどっている[36]。乾燥地の土壌劣化もこう

した背景から生じている．すなわち，増え続ける人口を養うため風土条件を無視した不適切な農地管理が行われ，土壌の酷使が続けられた結果，土壌の作物生産性が低下したことも一因である．土壌はわれわれの生活に密着した存在であるが，その存在が軽視され，おろそかにされてきた結果といえる．排水施設を設けずに灌漑したり，過剰灌漑を続けたりすることなどの不適切な管理による塩性土壌やソーダ質土壌の拡大と，それに伴う土壌劣化面積の拡大および食料生産の低下が今後も引き続き懸念されている．

これらの地域で生活する人々の多くは政治的に不安定で厳しい生活環境のもとに置かれ，多くが貧困問題に直面している．もちろんこの背景には人々を限界的な環境や惰弱な生計手段に追いやる社会，経済構造があり，砂漠化問題の解決を一層困難なものにしている．多くの土壌劣化がそうであるように，乾燥地の土壌劣化の原因は複合的であり，土壌管理・水管理などの技術的な問題とともに，管理が不適切になる社会的，経済的背景なども無視できない．また，これまでの歴史が証明しているように，乾燥地農業がどこまで持続的なのかは疑問の残る点である．しかし今後の人口と食料需要のバランスを考慮すると，ますます乾燥地農業の重要性は増してくる．このように土壌劣化による土地の作物生産性低下の進行を防止するとともに，その地域で生活を営んでいる地域住民の食料不足，栄養不足などを解消するためにも，これらの農地の土壌劣化を技術的に阻止する方策を見いだす挑戦は，行い続けなければならない極めて重要で緊急性の高い課題である．

乾燥地域の農地においては絶えず土壌塩類化の危険性をはらんでいるが，それらの農地における土壌や水の適切な管理を心掛けることによって，今世紀の課題の一つである食料不足を解決する可能性も潜めている．乾燥地における作物生産の安定性は有効な水利用と土壌管理が重要な因子になる．土壌と水が有限な資源となりつつある現在，取水可能な水資源の有効利用に最大限の努力を配慮しながら適切な土壌管理と水管理が必須な条件となる．灌漑農業によって引き起こされる結果は，その土地条件および耕作条件によって異なっており，それぞれの環境にあわせて展開させていく努力をしなければならない．その解決のためには灌漑農業下の水と塩類の動態をよく把握したうえで，農地を適切に管理することが重要である．しかしいずれの地域にお

いても，早かれ遅かれ土壌塩性化やソーダ質化が進行しやすい環境下にあるため，作物の生育状況を見極めながら適切な土壌管理や水管理を心掛けなければならない。

　いずれにしても，限られた水を有効に利用していく必要がある。灌漑水量が限られており地下水位が低く抑えられている地域で，水質の悪い灌漑水でも十年以上にわたって安定した耕作を営んでいるという事実から，灌漑を節水型のより効率的な方法に変えれば，乾燥地でも長期にわたる作物栽培は継続可能であることが示唆される。乾燥地における作物生産の安定性は適切な土壌管理と水管理が重要な因子になるが，これらの地域で営農を長期的に行うためにはこれらの灌漑に伴う塩類動態の要因をあらかじめ熟知したうえで作物の生育に必要最低限の灌水を心掛けて農業を展開しなければならない。乾燥地の灌漑農業は，現地で取水可能な水資源を利用せざるを得ない環境下でいかにその水資源を有効利用するか，そして土壌荒廃に結び付けないか，に持続的農業への道は開けている。

　本章で述べたように乾燥地や半乾燥地ではさまざまな問題土壌が分布しているが，それらは水と土壌の適切な管理をすることによって，人口爆発とともに今世紀の人類最大の課題となる食料不足を解決する可能性を持っていると考えられる。現地の農業従事者に適切な管理技術を普及させて，現地の生態環境に適応した技術と農業を自主的に展開できる条件を整えることが重要である。本章で紹介した乾燥地域の土壌塩類化の実態や農地管理は，ほかの乾燥地域における農地管理への参考ともなりうる例である。このような知見の蓄積が，今後の乾燥地域における環境資源の保全と農地管理技術の構築を可能にすると確信しており，乾燥地域における持続的農業の発展の一助となることを期待する。

　乾燥地で持続的な灌漑農業を展開する。この需要はこれからますます高まるであろうし，積極的に取り組まなければならない課題になっていくであろう。そのためには農学の分野だけではなく，工学，人文学，社会学，経済学などさまざまな分野の専門家が共同して取り組んでいかなければならない。

《引用文献》

1) UNEP (1997): World atlas of desertification. 2nd ed., Hodder Arnold Publication, London. 192pp.
2) United Nations (2011): United Nations for Deserts and the Fight against Desertification. http://www.un.org/en/events/desertification_decade/whynow.shtml
3) FAO (Land and Plant Nutrition Management Service): http://www.fao.org/soils-portal/soil-management/management-of-some-problem-soils/salt-affected-soils/more-information-on-salt-affected-soils/en/
4) FAO (2011): The state of the world United Nations for Deserts and the Fight against Desertifging system at risk. FAO, Rome. 285pp.
5) United Nations University (2014): World Losing 2 000 Hectares of Farm Soil Daily to Salt-Induced Degradation. http://unu.edu/media-relations/releases/world-losing-2000-hectares-of-farm-soil-daily-to-salt-induced-degradation.html.
6) 松本　聰 (2000): 世紀を拓く砂丘研究, 農林統計協会, 東京, 387pp.
7) 松本　聰 (1984): 土壌中における塩類の行動と集積機構, 生物環境調節, 22巻, pp.89-94
8) USDA. US Salinity Laboratory (1954): Diagnosis and improvement of saline and alkali soils. *In* Richards LA (ed.) Agriculture Handbook, No.60, U.S. Government Printing Office, Washington D.C, pp.1-6.
9) Bower CA (1965): An index of the tendency of $CaCO_3$ to precipitate from irrigation water. Soil Science Society of America Proceedings, 29(1), pp.91-92.
10) Shainberg I, Oster JD (1978): Quality of irrigation water. 65, International Irrigation Information Center, New York.
11) 国際食糧農業協会 (2002): 世界の土壌資源—アトラス—, 古今書院, 東京, p.82
12) U. S. Salinity Laboratory Staff (1954): Diagnosis and improvement of saline and alkali soils. *In* Richards LA (ed.) U.S. Dept. of Agriculture Handbook No.60, USDA, Washington, DC.
13) E.M.ブリッジズ 著, 永塚鎮男・漆原和子 訳 (1990): 世界の土壌, 古今書院, 東京, 199pp.
14) Bolt GH, Bruggenwert MGM (Eds) (1976): Soil Chemistry. Part A. Basic Elements. Elsevier, Amsterdam, 281pp.
15) Pearson GA (1960): Tolerance of crops to exchangeable sodium. U. S. Dept. Agric. Inform. Bull. 216, pp.1-4.
16) FAO/ISRIC (2006): Guidelines for Soil Description, Fourth edition, FAO, Rome, p.38.
17) 藤原俊六郎 (2013): 新版　図解　土壌の基礎知識, 農山漁村文化協会, 東京, 172pp.
18) Cameron FK (1911): The Soil Solution. Chemical Pub. Co., London, 136pp.
19) Sposit G (1989): The chemistry of Soil, Oxford University Press, New York, pp.246-267.
20) Rhoades JD (1996): Methods of Soil Analysis.Part3 Chemical Methods. SSSA Book Series, 5, pp.417-435.
21) Suarez DL, Simunek J (1997): UNSATCHEM: Unsaturated Water and Solute Transport

Model with Equilibrium and Kinetic Chemistry. Soil Science Society of America Journal, 61(6), pp.1633-1646.
22) Mehlich A (1939) : Use of triethanolamine acetate-barium hydroxide buffer for the determination of some base-exchange properties and lime requirements of soil. Soil Science Society of America Proceedings, 3(C), pp.162-166.
23) Bower CA, Reiteimeier RF, Fireman M (1952) : Exchangeable cation analysis of saline and alkali soils. Soil Science, 73(4), pp.251-261.
24) Papanicolaou EP (1976) : Determination of cation exchangeable capacity of calcareous soils and their percent base saturation. Soil Science, 121(2), pp.65-71.
25) Mario P, Rhoades JD (1977) : Determining cation exchange capacity: A new procedure for calcareous and gypsiferous soils. Soil Science Society of America Journal, 41(3), pp.524-528.
26) Gupta RK, Singh CP, Abrol IP (1985) : Determination of cation exchange capacity and exchangeable sodium in alkali soils. Soil Science, 139(4), pp.326-332.
27) Begheyn LT (1987) : A rapid method to determine cation exchangeable capacity and exchangeable bases in calcareous, gypsiferous, saline and sodic soils. Communication in Soil Science and Plant Analysis, 18(9), pp.911-932.
28) Amrherin C, Suarez DL (1990) : Procedure for determining sodium-calcium selectivity in calcareous and gypsiferous soils. Soil Science Society of America Journal, 54(4), pp.999-1007.
29) Sumner ME, Miller WP (1996) : Methods of Soil Analysis.Part3 Chemical Methods. SSSA Book Series No.5. Soil Science Society of America, Inc., Wisconsin, 1390pp.
30) G.H.Bolt, M.G.M.Bruggenwent 編著, 岩田進午ほか訳 (1980)：土壌の化学, 学会出版センター, 東京, p.73
31) Jurinak JJ, Amrhein C, Wagenet RJ (1984) : Sodic hazard: The effect of SAR and salinity in soils and overburden materials. Soil Science. 137(3), pp.152-159.
32) Sinanuwong S, El-Swaify SA (1974) : Predicting exchangeable sodium ratios in irrigated tropical Vertisols, Soil Science Society of America Journal, 38(5), pp.732-737.
33) Miller WP, Flenkel H, Newman KD (1990) : Flocculation concentration and sodium/Calcium exchange of kaolinitic soll clays, Soil Science Society of America Journal, 54(2), pp.346-351.
34) Spurway CH (1941) : Soil reaction (pH) preferences of plants. Special Bulletin 306, Michigan State College Agricultural Experiment Station, East Lansing, 306.
35) Roy BS, Smith M, Morris L, Orlovsky N, Khalilov A (2014) : Impact of the desiccation of the Aral Sea on summertime surface air temperatures. Journal of Arid Environments, 110, pp.79-85.
36) Al-Zubari W, Al-Turbak A, Zahid W, Al-Ruwis K, Al-Tkhais A, Al-Muataz I, Abdelwahab A, Aurad A, Al-Harbi M, Al-Sulaymani Z (2017) : An overview of the GCC Unified Water Strategy (2016-2035), Desalination and Water Treatment, pp.1-18.

第4章
植物の塩応答

4.1 塩害発生機構

　土壌への塩類の集積は，乾燥と並んで農作物の収量を左右する主要な環境ストレス因子の一つである。塩類集積によって起こる塩害は，一般的に海水の影響を受ける海沿いの耕地や乾燥気候地域で多く見られる。他方，このような塩害の起きやすい地域でないにもかかわらず，適切な灌漑設備を伴わない灌漑農業による塩害は深刻で，場合によっては耕作不能な農地に変えてしまう場合も多い（**写真4.1**）。

写真4.1 塩害によって作物が栽培できなくなり放棄された農地。灌漑装置の周りには野生植物が生育している（メキシコ・バハカリフォルニア半島）（撮影：実岡寛文）

● 第4章 ● 植物の塩応答

　植物における塩害に対する強弱は，高濃度の塩に対する生育応答をもとに，大きく二つのグループに分けることができる[1]。アッケシソウ，ハママツナ，ウラギク，マングローブなど海沿いの沼沢地や河口などで見られる塩生植物（Halophytes）は，塩分濃度のある程度高い土壌でも生育し開花結実することができる。一方でイネ，トウモロコシ，マメ類などの一般的な農作物は中生植物（Glycophytes）と呼ばれ，塩に感受性があり低濃度のナトリウム条件下でも生育が阻害される。

　塩により植物の生育が阻害される原因は，いろいろな環境因子が絡み合って複雑であるが，主に，土壌に蓄積した塩類により土壌の浸透圧が高くなり植物の水分吸収が阻害される浸透圧ストレスと，ナトリウムイオンなど土壌に溶けているイオンが過剰に吸収されることにより植物の生理作用が特異的に影響を受けるイオンストレスの二つがある。さらに，塩ストレス条件下では乾燥や過剰の塩の蓄積によりさまざまな生理機能が阻害され，その結果，活性酸素種が発生する。活性酸素種は，生体内のさまざまな物質を非特異的に酸化し，植物細胞に障害をもたらす（酸化ストレス）[2]〜[5]。

　本節では，塩が過剰に存在する場合，どのような機構によって植物の生育が阻害されるのか，上記の三つの観点から解説する。

4.1.1　塩ストレスによる吸水阻害と浸透圧ストレス

　植物細胞は，細胞膜の内側に細胞質があり，外側は細胞壁が取り囲んでいる。細胞壁の主成分はセルロース（炭水化物の一種）で，リグニンが合成されると強固になり，植物細胞の支持と保護に役立っている。細胞壁どうしはペクチン（多糖類）で接着しあっているが，原形質連絡と呼ばれる小さな穴が貫いており，隣りあう細胞どうし連絡しあっている。細胞質には，葉緑体，ミトコンドリアなどの細胞小器官（オルガネラ）と液胞が見られる。葉緑体にはクロロフィル（葉緑素）があり，光エネルギーを取り込んで炭水化物を合成する光合成が行われている。液胞は，不要物の貯蔵，分解や，細胞の形の保持などを行う。よく成長した細胞では液胞が体積の90％以上を占める。液胞は一枚の液胞膜からなり，その中には無機塩類，有機酸，炭水化物，タンパク質，アミノ酸のほか，さまざまな加水分解酵素が含まれている。

植物細胞の化学組成をみると、最も多い化学成分は水であり、その割合は90％近くにも及ぶ。真夏に何日も雨が降らないと植物は水が失われてしおれてしまう。しかし、十分な水を与えると、一気にピンと張りを戻し、もとのみずみずしい姿に回復する。水は植物の生存にとって重要であり、植物体内の水分の60％を失うと枯れるとされている。

　植物は根を伸ばし、土壌に含まれている水を吸収している。植物根の細胞の浸透圧は土壌中の溶液より高く、そのため土壌の水は根に浸透していく。根に浸透した水は、根の表皮細胞、皮層、内皮と次々と移動し、最終的には維管束の導管・仮導管に入る。植物の内部に行くほど浸透圧が高いために吸水力が増大し、水の移動が起こる。被子植物では導管、裸子植物やシダ植物では仮導管に入った水は、水分子どうしの凝集力、蒸散による吸水力、根圧によって植物体内を上昇する。水分子は互いにつながって一本の糸のようになっており（凝集力）、根から茎の導管・仮導管を通じて葉の細胞に至るまで、水が途切れることなく流れる。また、葉では、光合成に必要な二酸化炭素（CO_2）を取り入れるために気孔を開く。このときに、水分が蒸散作用によって植物体から失われる。葉の細胞の水分が失われると、細胞液の濃度が高まり、浸透圧が高くなるので、吸水力が増加して水を上昇させる。成長の盛んな植物の根元に近い茎を切断すると、切口から水があふれる。これは、根圧と呼ばれ、この力で導管内の水を上に押し上げる。この水の凝集力、蒸散による吸水力、根圧が、根から葉に水を上昇させる力となっている。

　土壌中の水分が減少したり、雨が降らずに乾燥した天気が続いたりして蒸散で失う水分が多くなると、植物体内の水分が不足し葉がしおれる。植物が直立していられるのは、植物細胞の膨圧が一定以上にあるときであり、体内から水分が失われてしまうと膨圧が極端に低下してしおれてしまう。

　植物は吸収した水の2％程度を生命活動に必要な有機物の合成と、細胞や組織の体勢の維持などに利用し、残りの98％の水は、蒸散によって植物体内を移動して大気中に逃げていると言われている。植物は葉から蒸散した量だけ根から水分を吸収できれば水不足に陥ることはない。仮に塩ストレス条件でも蒸散によって失った分だけの水分量を根の吸水によって補うことができれば、植物体内に水分不足が生じず、植物は正常な生育ができる。しかし、

塩類が集積した土壌では，土壌の浸透圧が上昇し，そのため根の水吸収が阻害される。

では，なぜ植物は，吸収した大量の水を蒸散によって大気中に逃がしているのだろうか。その理由として四つ考えられる。

その一つ目の理由は，葉で炭水化物の合成に水が必要だからである。植物は気孔を通じて大気から取り込んだ二酸化炭素と根から吸収した水を材料とし，太陽からの光エネルギーを用いて炭水化物を合成する（光合成）。そして，それをもとにして根から吸収した窒素（N）を利用してアミノ酸を合成し，さらにタンパク質を合成する（窒素同化）。植物に含まれる脂質，核酸などのすべての有機化合物も光合成産物から合成される。水が十分なければ，これらの物質が合成できずに，植物は成長できない。

また，二つ目の理由として，水は植物に必要なすべての物質の溶媒であり，あらゆる物質の輸送に必要だからである。有機物の合成に欠かせないアンモニアなどの窒素源やリン酸などの無機イオンは，土壌水に溶けており，根から吸収される水とともに植物体内に取り込まれ，蒸散流に乗って葉の隅々まで運ばれる。また，光合成などで生成された有機物も水によって運ばれる。植物によっては100 mを超える大木もある。この先端の葉まで無機イオンを運ぶには，無機イオンが溶けた水が蒸散による引圧により葉に運ばれる必要がある。

さらに，三つ目の理由は，水は植物の葉温調節にも重要な役割をしているからである。夏場，直射日光の当たる場所にある石や土は，手で触れられないほど高温になる。ところが，同じ条件にある植物の葉は石や土のように高温にならない。植物葉の表皮にはたくさんの気孔が分布している。その気孔から蒸散によって水が大気中に出ていくときに，気化熱が奪われる。葉から1 gの水が蒸散すると539 calの熱が奪われて，その結果葉温が低下するのである。

四つ目は，水は植物の体勢の維持に必要だからである。植物細胞を高張液に入れると，細胞から水が吸い出されて細胞は収縮する。このとき，細胞壁は丈夫なため，あまり収縮はできないが，細胞膜で囲まれた部分のみが縮んで細胞壁から離れる（原形質分離）。一方，植物細胞を低張液に入れると，

水が細胞に入り細胞は膨れ、内側から細胞壁を押し広げようとする。この圧力を膨圧（Turgor pressure）と呼ぶ。細胞内の水が失われて、膨圧が小さくなり原形質分離が起こり、ついにはしおれる。したがって、水には、膨圧を介して植物の体勢を維持する重要な役割がある。

アメリカ合衆国カリフォルニア州には、現在、生存している植物の中で最も高い樹木として知られている100 mを超えるセコイアなどの巨木が多く生育している。このような高い樹木が、ポンプなどを使わなくても、土壌の水や養分を吸い上げられるのはどのような仕組みになっているからなのか。

自然界の水の流れは、自由エネルギーの高い状態から低い方向に向かって流れている。例えばビルの屋上にある水槽の水をこぼすと、水は地面に向かって流れ落ちる。これは、屋上の水のほうが、エネルギーが高く、エネルギーの低い地面に向かって水が落ちるためである。しかし、屋上の水をさらに上に移動させるためには、ポンプなどを利用してより高いエネルギーを加えなければならない。しかし、植物の場合、土壌にある水を高いところにある葉へと簡単に移動させることができる。この水の移動の駆動力が水ポテンシャル（Water potential ψw）である。

純水とグルコース溶液を半透膜で区切って並べると、水の濃度勾配に従って純水（水分子のみ）からグルコース溶液（水分子が少ない）に向かって水分子は移動する（図4.1）[6]。純水では水分子は自由に移動できるので自由エネルギーは高い。ところが水の中にグルコース分子があると水分子は移動を妨げられて自由エネルギーが低くなる。したがって、半透膜で仕切られた純水では水分子の自由エネルギーが高いほうから、自由エネルギーが低いグルコース溶液に向かって水分子は移動する。

溶液の浸透ポテンシャル（Water potential ψs）は、ファントホッフの浸透圧の公式から求めることができる。

$$浸透ポテンシャル（\psi s）= -CiRT$$

C：溶液のモル濃度［mol/kg］，
i：ファントホッフ係数
（非電解質では通常1.0、電解質では溶質の解離度とイオン数で決定される），

●第4章●植物の塩応答

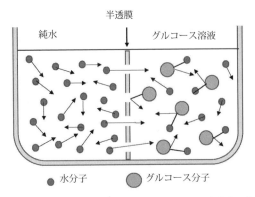

図4.1 半透膜で隔てられた純水とグルコース溶液の水分子の自由度と水分子の移動[6]
純水は，水分子が自由に移動できる（自由度が高い）。水分子の自由エネルギーが高い。水ポテンシャルは0 MPaである。それに対しグルコース溶液ではグルコース分子によって水分子の移動が制限される（自由度が低い）。水分子の自由エネルギーが低い。

R：気体定数（0.00831［kg・MPa/mol・K］），

T：絶対温度［K］

例えば，常圧下で30℃に溶けた1.0 mol/kgグルコース溶液の浸透ポテンシャルを算出すると次のようになる。

$\psi s = -(1.0 \text{ mol/kg}) \times (1.0) \times (0.00831 \text{ kg}\cdot\text{MPa/mol}\cdot\text{K}) \times (303) = -2.52 \text{ MPa}$

それに対して純水では何も溶けていないので，

$\psi s = -(0.0 \text{ mol/kg}) \times (1.0) \times (0.00831 \text{ kg}\cdot\text{MPa/mol}\cdot\text{K}) \times (303) = 0 \text{ MPa}$

となる。

すなわち，水に溶質が溶けていれば，浸透ポテンシャルは，常にマイナス（-）の値となる。したがって，半透膜で仕切られた純水では，浸透ポテンシャル（ψs）＝水ポテンシャル（ψw）であり，水ポテンシャルは0 MPaとなる。しかし，グルコース溶液では浸透ポテンシャルは常にマイナスの値となるので，水ポテンシャルもマイナスである。半透膜で隔てられたところでは，水は，水ポテンシャルが0 MPaのところから，水ポテンシャルの低いマイナ

74

スに向かって移動する。

同じように，植物の場合は，土壌中に溶けている溶質の濃度が低いのに対して，植物細胞ではいろいろなイオンや有機物が蓄積し溶質濃度が高くなっているため，浸透ポテンシャルはより低下する。したがって，植物では，水ポテンシャルが 0 MPa に近い土壌から，水ポテンシャルがさらに低い葉に向かって水が流れる。

植物細胞における水ポテンシャル（ψw）は，次の式で表される。

$$\psi w = \psi s + \psi p\ (\psi s：浸透ポテンシャル,\ \psi p：膨圧)$$

少ししおれかけた葉を水につけると吸水し，葉はピンと張りを取り戻す。

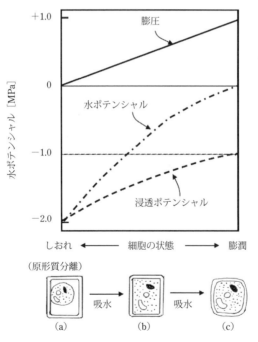

図 4.2 植物細胞における水ポテンシャル，浸透ポテンシャルおよび膨圧の変動[6]
(a) 細胞が原形質分離をした状態。膨圧＝0
(b) 細胞が水を吸収した状態。浸透ポテンシャル＝－1.5 MPa，膨圧＝0.5 MPa，水ポテンシャル＝－10.0 MPa。
(c) 水を吸収して膨潤した状態。浸透ポテンシャル＝－1.0 MPa，膨圧＝1.0 MPa，水ポテンシャル＝0 MPa。これ以上，吸水できない。

仮に初めのしおれた状態の葉細胞の浸透ポテンシャルを－2.0 MPaとする。純水の水ポテンシャルは0 MPaであるから，細胞へ水が移動するが，やがて周りの細胞壁の抵抗により水の移動は停止する。このとき細胞壁が受ける膨圧は＋1.0 MPaに達する。細胞内に水の移動が起これば，溶質濃度は低下するので，浸透ポテンシャルは－1.0 MPaまで上昇する（図4.2）[7]。

植物の葉の細胞は大量の溶質が溶けているために，より低い水ポテンシャルを示す。大気中の水ポテンシャルは，植物の水ポテンシャルに比べてさらに低く，湿度が50％の大気の水ポテンシャルは－90 MPaにも達する。したがって植物体での水の流れを引き起こす原動力は，著しく低い大気の水ポテンシャルであるといえる（図4.3）。植物がこの水ポテンシャルの低下に応じて水が吸収できなければ，植物に水分欠乏が生じて細胞が脱水状態に陥る。このように，高等植物の根からの吸水は，植物葉身と根圏土壌の水ポテンシャルの勾配に従って生じるので，高塩濃度によって根圏の浸透圧が高い場合には葉身の浸透ポテンシャルがそれに比べてさらに低下しなければ，水を吸収できなくなり植物は水不足に陥る。

土耕ポットに栽培したツルナにNaClを溶かした培養液を灌水して塩ストレスを与え，葉の水分量の指標となる相対水分含量（Relative Water Content：RWC）と水ポテンシャルおよび浸透ポテンシャルを測定すると，葉のRWCの低下とともに葉の水ポテンシャルおよび浸透ポテンシャルは著しく低下した（図4.4）[8]。しかも，葉の水ポテンシャルおよび浸透ポテンシャルは，培地のNaCl濃度の増加に伴ってさらに低下した。このように植物が塩ストレスにさらされると，土壌中の

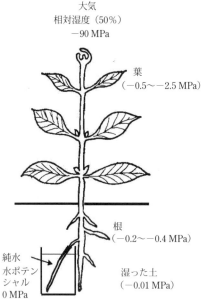

図4.3　土壌・植物体・大気における水ポテンシャルの変化[7]

高濃度の塩によって葉の水ポテンシャルが低下し，細胞の脱水が誘導される。塩ストレスによる脱水により植物細胞が原形質分離を引き起こし，脱水の閾値を超えた時点で不可逆的な細胞膜やタンパク質などの変性が起こり，細胞は致命的な損傷を受ける。このように塩ストレスが細胞の脱水を引き起こし，植物にさまざまな影響を及ぼすことを浸透圧ストレスと呼んでいる。

植物の生育の基本は光合成である。土壌の塩類集積は，土壌の浸透圧を高めて植物の吸水を制限するため葉の光合成に影響を及ぼす。葉の水分欠乏によって光合成が阻害される原因として，気孔の閉鎖と光化学系の活性の低下が挙げられる。

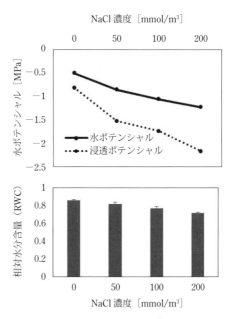

図4.4 塩ストレスによるツルナ（New Zealand Spinach）の相対水分含量，水ポテンシャルおよび浸透ポテンシャルの変動[8]

光合成の基質である二酸化炭素（CO_2）は，表皮の気孔を通って葉内に取り込まれる。気孔が開いていると，葉内への CO_2 取り込みが増えるが，同時に水蒸気が葉から大気中へ拡散してしまう。このため植物は常に気孔の開度を変えることにより，気孔伝導度（気孔における CO_2 の通りやすさ）を厳密に制御している。葉内に入った CO_2 は，細胞間隙を通って葉肉細胞の細胞壁に達し，細胞膜，細胞質，葉緑体包膜を通過してストロマに入り，C_3 植物の場合ではリブロース-1,5-ビスリン酸カルボキシラーゼ/オキシゲナーゼ（Rubisco：ルビスコ），C_4 植物ではホスホエノールピルビン酸カルボキシキナーゼ（PEPCase）によって固定される。葉内 CO_2 濃度と（Intercellular CO_2 concentration）は，葉内において気孔腔近くの細胞間隙の CO_2 濃度を示し，Ci と表される。光合成速度，蒸散速度，そして，葉内 CO_2 濃度を測

定することによって，光合成速度の律速要因を知ることができる。

　一般に，塩ストレス下における光合成速度と気孔伝導度（Stomatal conductance）との関係をみると両者の間には密接な関係が認められる。したがって，塩ストレスによる光合成速度の低下の原因として，まず初めに気孔の閉鎖が挙げられる。葉内 CO_2 濃度は，塩ストレスの強さなどによって大きく変化する。そこで，光合成速度の変動に伴って葉内 CO_2 濃度がどのように変化するのかをみると，より詳細に光合成速度の律速要因が明らかになる。すなわち，葉内 CO_2 濃度が光合成速度の低下に伴って減少するときは，炭酸固定活性よりも気孔の閉鎖が光合成速度の主な律速要因となっている。また，光合成速度の低下に伴って葉内 CO_2 濃度が上昇すると，気孔の閉鎖よりも炭酸固定活性の低下が光合成速度の主な律速要因となり，光合成速度が低下しても葉内 CO_2 濃度が変化しないときには，気孔の閉鎖と炭酸固定活性の低下が同程度に光合成速度を律速している。

　図 4.5 では，塩ストレス処理直後に気孔伝導度は急激に減少し，また，葉内 CO_2 濃度も同様に減少した[9]。したがって，塩ストレスによる光合成速度の低下は，塩ストレス処理が初期のときには気孔の閉鎖による葉内への CO_2 の取り込みが制限されることにより，塩ストレスが進行すると光合成系の活性の阻害が律速要因となっていることがわかる。

　葉内 CO_2 濃度の変化から光合成速度の低下要因を解析すると，多くの植物では，塩ストレスによる光合成速度の主たる律速要因は，塩ストレスの程度が比較的弱い場合は気孔の閉鎖であり，塩ストレスの程度がより強くなると炭酸固定活性の低下によると考えられる。炭酸固定活性に関わる酵素ルビスコは，カルビン・ベンソン回路において最初に CO_2 を固定する酵素である。C_3 植物においては葉のタンパク質量の 12～35％はこの酵素タンパク質の合成に使われている。多くの植物で，塩ストレスによりルビスコの活性，および量が減少することが知られている。

　植物は，気孔の開閉により葉の水分を調整している。気孔は葉の表皮に分布し，二つの孔辺細胞に囲まれている。孔辺細胞の内側（孔側）の細胞壁は厚く，外側は薄いため，孔辺細胞の浸透圧が上昇すると周りから水分が入り，孔辺細胞全体が膨れると気孔は開く（**図 4.6**）[10]。気孔が開くのは，まず孔

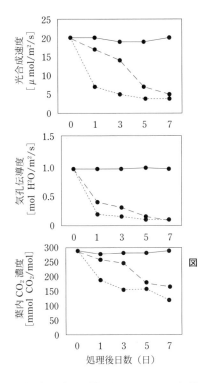

図4.5 塩ストレスによるトマトの光合成速度,気孔伝導度および葉内CO_2濃度の変動[9)]
トマトにNaCl溶液を灌水して塩処理を行い,上位葉の光合成を携帯光合成蒸散測定装置LI 6400で測定.
―――― :対照区,
― ― ― :75 mmol m^{-3},
……… :150 mmol m^{-3}

辺細胞が光を感知するところから始まる.孔辺細胞の細胞膜には青色光(390〜500 nm)を吸収するフォトトロピン(Phototropin)という光受容体(Photoreceptor)が存在している.この光受容体が青色光を感知すると,細胞膜に局在している細胞膜H^+-ATPase(H^+イオン輸送性ATP加水分解酵素)が活性化され,H^+(プロトン)を細胞質から外の細胞壁へ送る.通常は,細胞膜の外側は正(+),内側は負(−)に帯電し,電位差が定常状態に保たれているが,H^+が外に輸送されると細胞膜の膜電位が定常状態よりも大きくなる過分極状態になる.この過分極(Hyperpolarization)に応答して細胞膜上にあるカリウムチャネルが活性化され,カリウムイオンが細胞外から細胞内へ移動する.こうして孔辺細胞内にカリウムイオンが取り込まれると孔辺細胞の浸透圧が上昇し,水が入り込んで膨圧が高まり,外側の薄い細胞壁が押し広げられて気孔が開く.孔辺細胞の浸透圧を上げるのにカリウムイオンだけでは不十分であり,孔辺細胞に存在している葉緑体で生成された可

●第4章●植物の塩応答

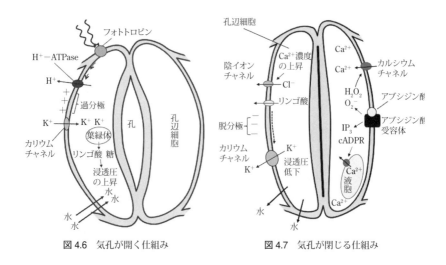

図4.6 気孔が開く仕組み　　　図4.7 気孔が閉じる仕組み

溶性糖類や，夜間に糖から合成され貯蔵していたデンプンを分解して作られたリンゴ酸も孔辺細胞の浸透圧を上げるのに役立っている。

　それに対して，土壌水分がなくなり，高塩環境で水分が吸収できなくなると葉の水分欠乏が進行するため，植物は気孔を閉鎖させることによって葉の水分を調整している（**図4.7**）[10]。水不足のときには，植物は，植物ホルモンのアブシジン酸を合成し，孔辺細胞の浸透圧を下げて気孔を閉じさせている。アブシジン酸は，植物体の水分状態に反応しさまざまな器官で生成される。根や葉で合成されたアブシジン酸は，蒸散流に溶けて導管と師管を通過し，葉肉細胞の間隙を通り抜けて孔辺細胞まで運ばれる。孔辺細胞に到達したアブシジン酸は，細胞膜に存在するアブシジン酸受容体に結合する。すると，アブシジン酸の結合により活性酸素種（H_2O_2，O_2^-）が生成され，それが刺激となって細胞膜上のカルシウムチャネルが活性化される。一方，アブシジン酸受容体に結合したアブシジン酸は，孔辺細胞の細胞質においてサイクリックADPリボース（cADPR）やイノシトール3リン酸（IP3）といったシグナル伝達物質を合成し，これがシグナルとなって液胞膜上にあるカルシウムチャネルを活性化する。細胞膜および液胞膜のカルシウムチャネルが活性化されると細胞質内のカルシウムイオン濃度が増加し，さらに，カルシウムイオンが刺激となって液胞膜のカルシウムチャネルが活性化し，細胞質

内のカルシウムイオン濃度はより一層上昇する。細胞質内のカルシウムイオン濃度の上昇を受けて細胞膜の陰イオン（Cl^-とリンゴ酸$^{2-}$）チャネルが開き，その結果，陰イオンが細胞外へ輸送され膜電位の脱分極（Depolarization）が起こる。この脱分極によりカリウムチャネルが活性化され，カリウムイオンが孔辺細胞から外に流れる。このようにして，細胞質からカリウムイオン，塩素イオン，リンゴ酸などが出ていくと細胞質の浸透圧が低下し，その結果，水が細胞外に流出し孔辺細胞の膨圧が低くなるために気孔は閉鎖する。

一方，気孔閉鎖と光合成活性以外に，水分不足による光合成の低下要因として，電子伝達系の活性が阻害されることが考えられる。

最近，パルス変調（Pulse Amplitude Modulation：PAM）蛍光計を用いたクロロフィル蛍光の測定が容易になり，野外でも葉の電子伝達系における光阻害程度や電子伝達速度が測定できるようになった[11],[12]。葉のクロロフィルは，光を吸収し，その吸収した光によって励起されたエネルギーを最終的には光化学系ⅠとⅡの反応中心（PSⅠ，PSⅡ）に伝える。このエネルギーは最終的には二酸化炭素固定に使われるが，光が弱いときを除き，光化学系でできたすべての光エネルギーが炭酸固定に使われるのではなく，一部のわずかなエネルギーが熱として放散され，さらに，ごくわずかであるが蛍光（クロロフィル蛍光）としても放出されている。クロロフィル蛍光計は，このわずかな蛍光を感知して，植物の電子伝達系の状態を診断することができる。蛍光強度が減少することを消光（Quenching）という。消光には光化学消光（Photochemical quenching parameter：Fv/Fm，qP）と非光化学消光（Non-photochemical quenching parameter：qN，NPQ）とがある。光化学消光とは，光化学反応に流れるエネルギーが増加し，そのため余剰なエネルギーが減少して蛍光の消光が起こる現象である。また，非光化学消光は，光化学消光以外の消光であり，主にエネルギーが熱放散として利用されることによって蛍光強度が減少する現象で，NPQの値が大きいほど熱で放散されるエネルギーが大きいことを示している。Fv/Fmは，光化学系Ⅱにおける光阻害の程度を表す指標として多く使われている。その値は，光阻害を受けていない葉で0.80〜0.83の値となり，この値より低ければ，光阻害を受けていると判断する。

多くの植物では，塩ストレス条件では光化学消光パラメータ（Fv/Fm，Y（Ⅱ），qP）および電子伝達速度（Electron Transfer Rate：ETR）は低下するが，非光化学消光パラメータ（qN, NQP）は逆に増加する。非光化学消光パラメータが増加することは余剰のエネルギーを熱として放散し消去していることを示している。耐塩性の異なるイネ品種を用いて，塩ストレス下でこれらのパラメータを測定したところ，塩ストレスにより電子伝達速度（ETR）が低下するが，その低下度は耐塩性の強いイネ品種で小さく，逆に弱い品種で大きかった[13]。また，耐塩性の強いイネ品種の非光化学消光パラメータ（qN）は，耐塩性の弱い品種のそれに比べて著しく増加した。すなわち，耐塩性の強い品種は，効率よく余剰のエネルギーを熱として放散できることを示している。しかし，この塩ストレスによるクロロフィル蛍光反応は，植物種，塩ストレスの程度，ストレスを受ける期間によって大きく異なることが報告されている。余剰のエネルギーを効率よく熱として放出できなければ，余ったエネルギーが活性酸素種の生成因子となる。

　一方，塩ストレスは葉のクロロフィル（葉緑素）含量を低下させると同時に，葉の構造にも変化を及ぼす。耐塩性の弱いインゲンマメ，中程度のワタ，強いアカザを水耕栽培し，培養液のNaCl濃度を0〜400 mol/m^{3}の5段階に変えた条件で栽培し，表皮，葉肉および葉の厚さ，柵状組織細胞の長さおよび直径，葉肉細胞の直径，葉表面積あたりの葉肉細胞の表面積，葉表面積に対する葉肉細胞の表面積の比，葉の多肉化などを測定した[14]。その結果，耐塩性のあるアカザは，塩分濃度の上昇に伴い表皮および葉肉の厚さが増加して葉の厚さがより増し，結果的に多肉化が認められた。耐塩性の弱いインゲンマメと中程度のワタでは，多肉化があまり認められなかった。そのときの光合成速度は，アカザでは塩ストレス下でも維持されたが，ほかの2種では低下した。また，柵状組織の細胞の大きさも塩分濃度の上昇とともに有意に増加し，さらに，塩ストレスにより海綿状組織の細胞間隙が減少した。しかし，耐塩性の弱い植物では，海綿状組織と柵状組織の細胞の数が減少し，細胞間隙が広がった。塩ストレスによる葉の構造の変化は，葉内でのCO_2の拡散を妨げる。こうした葉細胞の構造的な変化は，特に，水ストレス下で気孔が閉鎖してCO_2の取り込みが制限されたときに，葉緑体にCO_2が到達

しにくくなり，光合成が低下する原因となっている．

4.1.2　塩ストレスによる特異的なイオンの吸収とイオンストレス

　植物の生育に必要不可欠の元素は，酸素（O），水素（H），炭素（C），窒素（N），リン（P），カリウム（K），カルシウム（Ca），マグネシウム（Mg），硫黄（S），鉄（Fe），マンガン（Mn），ホウ素（B），亜鉛（Zn），モリブデン（Mo），銅（Cu），ニッケル（Ni），塩素（Cl）の17種類である．これらの元素は必須元素と呼ばれ，そのうち一つでも欠けると植物の成長が完結できない．さらに，植物の要求量の違いから多量必須栄養素（多量必須元素）と微量必須栄養素（微量必須元素）に分類され，上記の酸素から硫黄までの9種が前者に，鉄から塩素までの8種が後者に含まれる[15]．

　これらのうち，炭素，酸素，水素は，大気と水から植物に取り込まれるが，ほかの元素は土壌あるいは施肥した肥料成分から水とともに吸収される．

　多量必須元素のうち炭素，酸素，水素は，糖・デンプン，細胞壁構成成分のセルロース，脂肪，タンパク質など植物体の大部分の構成元素である．窒素はクロロフィルやタンパク質，イオウは含硫アミノ酸やタンパク質，リンは細胞膜，核酸やATPなどの構成元素である．カリウムは細胞質にイオンの形で存在し，気孔の開閉，細胞内のpHや浸透圧の調節に関与している．カルシウムは細胞壁の形成や構造維持，ストレス応答のセカンドメッセンジャーとしてストレス抵抗性の遺伝子発現などに重要である．マグネシウムはクロロフィルの生成やタンパク質のリン酸化と光合成関連酵素の活性化に関与している．微量必須元素のうち，鉄は二価鉄イオン（還元型）と三価鉄イオン（酸化型）の間で電子の受け渡しを行うことができるため生体内で起こる酸化還元反応に関わっているほか，クロロフィルの生成や生体内で発生する活性酸素の消去においても重要である．マンガンは光合成の電子伝達系における酸素発生に必須であるほか，活性酸素消去系酵素の構成元素である．ホウ素は細胞壁を構成するペクチン質糖鎖のネットワーク形成に重要な働きをする．亜鉛は活性酸素消去系酵素をはじめとしたいくつかの酵素の成分元素である．銅は光合成に重要な葉緑体チラコイド膜上の電子伝達系に存在するプラストシアニンの構成元素であり，活性酸素消去系酵素にも含まれる．

モリブデンは硝酸還元酵素，窒素固定酵素であるニトロゲナーゼの構成成分となって植物の窒素代謝に重要な役割を果たしている。塩素はマンガンとともに光合成の酸素発生に関わる。ニッケルは植物の尿素代謝に関わるウレアーゼの活性化に関与し植物の窒素代謝に重要な元素である。

　これらの元素の植物への吸収は，土壌pHにより大きく影響を受ける（図4.8）[16]。例えば，土壌のpHが7.0を超えてアルカリ性になると鉄（Fe^{2+}，Fe^{3+}），マンガン（Mn^{2+}），亜鉛（Zn^{2+}），銅（Cu^{2+}）などの2価の陽イオンは吸収されにくくなる。ナトリウムイオン（Na^+），カリウムイオン（K^+）などの一価の金属イオンは，土壌のpHが上昇しても植物が吸収できる形態（可給態）であるのに対して，二価以上の金属イオンはpHが上昇すると難溶性の水酸化物に変化し，溶解度が低下する。特に，鉄（三価鉄イオン）の溶解度積はpH7で10^{-17} mmol/m³と著しく低く，そのためアルカリ条件では多くの植物で鉄欠乏が発生する。鉄が欠乏すると葉が黄白化（クロロシス）

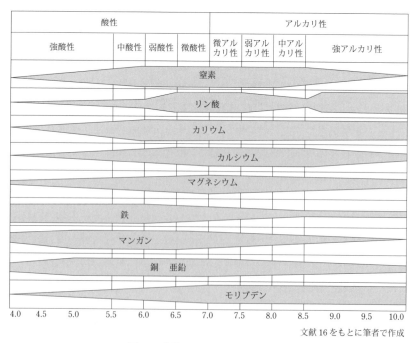

文献16をもとに筆者で作成

図4.8　土壌pHによる各元素の可給度

表 4.1 塩ストレス下によるナスの葉における Na 濃度（mg/乾物重），K 濃度（mg/乾物重），Ca 濃度（mg/乾物重）および Na/K 比，Na/Ca 比 [17]

	0	50	150
		[mol/m^3]	
Na	1.38±0.06	21.81±1.18	30.81±1.47
K	49.59±0.037	52.91±0.36	42.98±3.21
Ca	8.02±0.037	7.84±0.24	7.47±0.27
Na/K 比	0.03	0.41	0.71
Na/Ca 比	0.17	2.78	4.21

を呈する。一方，酸性土壌では，鉄が遊離しやすくなるため，植物に鉄欠乏は生じにくい。

　土耕栽培したナスに NaCl を溶かした液を灌水して栽培した結果，NaCl 濃度の増加に伴ってナスの生育は著しく阻害された（**表 4.1**）[17]。さらに，NaCl 濃度の上昇に伴って葉のナトリウム濃度は増加したが，逆にカリウム，カルシウム濃度は著しく低下し，ナトリウム・カリウム比（Na/K 比），ナトリウム・カルシウム比（Na/Ca 比）は著しく増加した。このように，塩ストレスでは，ナトリウムの吸収が増加するのに対して，カリウム，カルシウムの吸収が著しく抑制される。こうした特定のイオンによるほかの元素の吸収が抑制されることを拮抗作用という。

　根から植物体内に侵入したナトリウムは，蒸散を通して地上部に移行・濃縮するので，葉組織の生理機能に多大な損傷を与える。特に光合成に対する影響は大きく，葉緑体に侵入したナトリウムは電子伝達反応，炭素固定反応をともに阻害する。耐塩性の弱いイネを水耕栽培し，培地のナトリウム濃度を徐々に高めて塩ストレスを与え，光合成機能を測定した。その結果，塩ストレスにより葉の水分欠乏が進み，葉の水ポテンシャルが低下するのと同時に，光合成速度，気孔伝導度，蒸散速度の低下が見られた。こうした光合成の低下は，イネの生産性に直接影響を及ぼす [18]。

　塩ストレスによる光合成速度の低下は，水欠乏による気孔の閉鎖（気孔伝導度の低下）と，蓄積したナトリウムがルビスコの活性を阻害することが主な原因である。一方，過剰に蓄積したナトリウムは電子伝達反応を担うチラコイド膜や膜に結合したタンパク質複合体を変性させ，そのなかでも光化学

系Ⅱタンパク質複合体は塩ストレスに対して障害を受けやすい。

　塩ストレスによる光合成の阻害は，それに還元力を依存する窒素同化系などほかの重要な代謝系にも影響を及ぼす[19]。土壌溶液に溶けている無機態窒素の主な形態はアンモニウムイオン（NH_4^+）と硝酸イオン（NO_3^-）である。植物に吸収された硝酸イオンは硝酸還元酵素（NR）で亜硝酸イオンに，さらに，亜硝酸還元酵素（NiR）によりアンモニウムイオンまで還元される。その後，アンモニウムイオンは，グルタミン合成酵素（GS）によりグルタミン，グルタミン酸合成酵素（GOGAT）によりグルタミン酸となる（GS/GOGATサイクル）。こうして同化された窒素をもとにして，必須アミノ酸やタンパク質と核酸が合成される。塩ストレス下では，窒素源となる硝酸イオンやアンモニウムイオンの吸収が阻害されるのと同時に，窒素同化に関わる酵素（GS, GOGAT）が変性・失活し，窒素同化が著しく影響を受ける[20]。さらに，塩ストレスにより光合成が阻害されると，窒素同化の基質である有機酸のα-ケトグルタル酸や，各種アミノ酸の合成に必要なピルビン酸，オキサロ酢酸などの有機酸，GS/GOGATサイクルにおいて必要なエネルギーと還元力を担うニコチンアミドアデニンジヌクレオチドリン酸（NADPH）などが供給できなくなる。

　酵素はタンパク質である。タンパク質を形成しているアミノ酸はその側鎖にさまざまな官能基を持っている。例えば，リジンは側鎖にプラスに帯電しているアミノ基（$-NH_2$）を持ち，アスパラギン酸，グルタミン酸はマイナスに帯電しているカルボキシル基（$-COOH$）を持っている。一方，水分子は負の電荷を持つ酸素原子と，正の電荷を持つ水素原子から成る極性分子である。タンパク質分子は表面に存在しているこれらの官能基が，周囲の水分子を引き付け，分子集団を作っている（タンパク質の水和構造）（図4.9）[21]。このタンパク質の水和構造は，タンパク質が機能するうえで重要であり，水和構造を保持していれば酵素は正常に機能するが，水和構造が破壊されるとタンパク質としての機能を失う。細胞の中にナトリウムイオン（Na^+），塩素イオン（Cl^-）が過剰に存在すると，ナトリウムイオンは，タンパク質の周りにある水分子の持つ酸素原子側（負電荷）を引き寄せ，ナトリウムイオンが水分子を取り囲む。また，塩素イオンは，水分子の水素側（正電荷）を

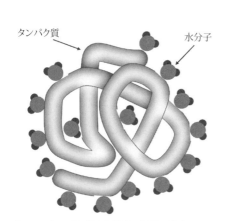

図 4.9 タンパク質水和構造の簡単な模式図
タンパク質を作っているアミノ酸には親水性と疎水性のものがあり、タンパク質の表面は親水基の多くが並び水分子と水素結合して立体構造を保っている。

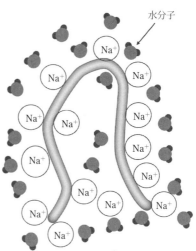

図 4.10 ナトリウムイオンによるタンパク質の変性、タンパク質と結合している水分子が、ナトリウムイオンにより引き離されて立体構造が壊れる。

引き寄せる。塩ストレス下では過剰に蓄積したナトリウムイオンと塩素イオンは、タンパク質から水分子を奪う。そのため、タンパク質は水和構造を保持できなくなり機能を失う（図 4.10）。ルビスコなどカルビン・ベンソン回路に局在し光合成に関与する酵素、また、硝酸還元酵素（NR）、グルタミン酸合成酵素など窒素代謝に関与する酵素などは、植物の正常な生理機能を営むために必要不可欠な酵素である。細胞に侵入した過剰の塩はタンパク質の水和構造を破壊し、そのため、酵素が機能せずにいろいろな代謝系が阻害されて植物の成長が妨げられる。

一方、トマトなどの果実のなる植物では、土壌 pH の高い塩・アルカリ条件で果実に尻腐れ症が見られる（写真 4.2）。これは、果実におけるカルシウム欠乏が原因である。土壌に溶けているカルシウムイオンは蒸

写真 4.2 カルシウム欠乏によるトマトの尻腐れ症状（メキシコ・バハカリフォルニア半島）（撮影：藤山英保）

散流によって植物各器官に運ばれる。葉は，植物の中で最も蒸散の盛んな器官であり，植物に取り込まれたカルシウムは，その多くが葉に分配される。しかし，果実の表面では蒸散は見られず，また，カルシウムは植物体内では移動性が著しく低いため葉から果実に転流されることは少ない。前述のとおりカルシウムは，細胞壁の材料としての役割を有しているため，欠乏すると成長の最も盛んな頂芽の伸長や果実の肥大が抑制される。

4.1.3 塩ストレス下における活性酸素種の発生と酸化ストレス

光合成は，植物の葉緑体において太陽の光エネルギーを利用して電子伝達系でエネルギーを合成し（光化学反応），そのエネルギーを利用して気孔から取り入れたCO_2から有機物を作りだす反応である（暗反応）。具体的には，葉緑体チラコイド膜上で，クロロフィル（光合成色素）が太陽の光エネルギーを使って水を分解し，プロトン（H^+）と酸素分子（O_2），そして電子（e^-）を作る。このときにできた電子によってニコチンアミドアデニンジヌクレオチドリン酸$NADP^+$（酸化型）からNADPH（還元型）が作られる。さらに，チラコイド膜内外のプロトン濃度勾配を利用して，アデノシン三リン酸（ATP）合成酵素によってATPが作られる。次にチラコイド膜の外側にあるストロマ（葉緑体基質）で，光化学反応で作られたNADPHとATPを使って気孔から取り込んだCO_2をカルビン・ベンソン回路において還元し糖を作る（暗反応）。

塩ストレス下では，植物に水ストレスが生じ，気孔が閉鎖する。気孔の閉鎖は水分の蒸散を抑える一方で，葉緑体へのCO_2の取り込みも抑制するために，CO_2が不足しカルビン・ベンソン回路での炭酸固定能力の低下を引き起こす。そのため，CO_2の同化に必要でなくなった光エネルギーが余る。カルビン・ベンソン回路で炭酸固定が阻害され，余剰の光エネルギーが豊富にあるとそのエネルギーは酸素へと流れ，酸素分子が還元されて，反応性に富むスーパーオキシドアニオン（O_2^-），過酸化水素（H_2O_2），ヒドロキシラジカル（・OH），一重項酸素（$^1O_2$）などの活性酸素種が生成する[22]。酸素（O_2）そのものは比較的安定な分子であるが，一度活性化されると酸化力が非常に高い活性酸素種となり細胞を破壊する（図4.11）[23]。

4.1 塩害発生機構

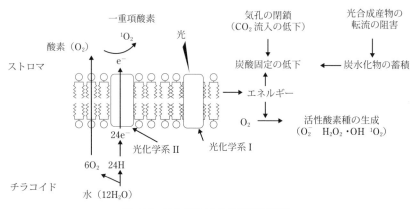

図 4.11 光合成系における活性酸素発生

一方，葉で産生された光合成産物は，根，子実，果実など光合成産物を利用する器官に移動（転流）する。光合成産物を生産する葉をソース，それを使って成長・結実する器官をシンクという。葉の光合成能は，ソース・シンク関係で説明できる。例えば，シンクである根の伸長が阻害されると光合成産物を根へ転流する必要性がなくなる。すなわち，葉で光合成産物を生産する必要がなくなるためにカルビン・ベンソン回路においてエネルギーが消費されずに過剰に余ることになる。こうした，シンク・ソース関係の乱れも活性酸素種が発生する一因となっている[24]。

活性酸素種は，さまざまなストレスに対するシグナル伝達物質でもあるが，塩害などでは種々の生体内の標的分子（脂質，核酸，タンパク質など）を非特異的に酸化し，細胞に損傷を与え障害をもたらす。このように，活性酸素種による植物の生理機能への影響を酸化ストレスと呼ぶ。

細胞膜は最も早く活性酸素の標的となりやすい。細胞膜はリン脂質からできており，さらにリン脂質はリン酸と脂肪酸が結びついたもので，この脂肪酸は活性酸素種によって酸化されやすい。脂肪酸には，飽和脂肪酸と不飽和脂肪酸の2種類がある。飽和脂肪酸は動物性の脂肪に多く含まれ常温では固体である。一方の不飽和脂肪酸は，植物性の脂肪に多く含まれ常温では液体の状態で存在する。不飽和脂肪酸は炭素が二重結合の脂質であり，この二重結合に活性酸素が結合すると酸化される。細胞膜，核膜，葉緑体包膜などの

生体膜が酸化されると「過酸化脂質」に変化し,膜としての機能が保てなくなり徐々に細胞や組織が破壊されていく。過酸化脂質の最終産物であるマロンジアルデヒド(Malondialdehyde:MDA)は核酸のDNAの構造を変性させる。

　植物では塩ストレスにより細胞内の活性酸素種は急激に増加する。塩ストレスでの活性酸素種形成の主要部位は,葉緑体およびミトコンドリアである。塩ストレスにより葉緑体のカルビン・ベンソン回路において炭酸同化が阻害される。そのため,光化学系の電子受容体である還元型$NADP^+$の生成が必要でなくなり光化学(PS)I/フェレドキシンから移動してきた電子は,$NADP^+$に渡されずに,逆にO_2へと渡され,その結果スーパーオキシドアニオン(O_2^-)ができる。

　オオムギは,比較的耐塩性が強い作物である。そのオオムギ2品種を水耕

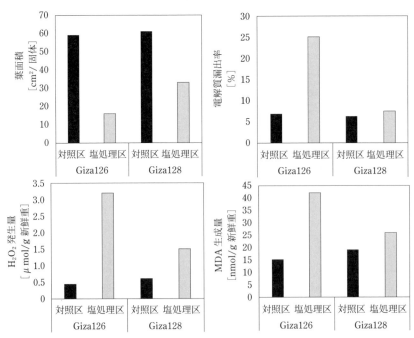

図4.12　塩ストレス下における耐塩性の異なるオオムギ2品種の葉面積,電解質漏出率,H_2O_2発生量およびマロンジアルデヒド(MDA)生成量の変動[24]

栽培し，急激な浸透圧ストレスを回避するために，水耕液のNaCl濃度を25, 50, 75, 100, 200 mol/m^{3}と徐々に上げて塩ストレスを与えたところ，耐塩性に強いオオムギにおいても耐塩性に品種間差が見られた（図4.12）[25]。耐塩性の弱い品種では，葉面積の減少程度が大きく，生育が著しく阻害された。また，細胞膜の被害度を示す電解質漏出率は，耐塩性の弱い品種で高く，さらに，活性酸素種である過酸化水素（H_2O_2）の発生量，および活性酸素種により脂質が酸化されてできるマロンジアルデヒド（MDA）量も弱い品種で著しく高かった。このように活性酸素を発生させないか，あるいは発生した活性酸素をいかに取り除くことができるかが，植物の耐塩性の強弱を決める要因になると考えられる。

以上のように，塩ストレスでは，植物体内の水分含量の低下，ナトリウムなどの塩類の集積，さらにそれに伴って発生する活性酸素種が，各種生理機能に障害を引き起こし，生育を阻害している（図4.13）。したがって，これ

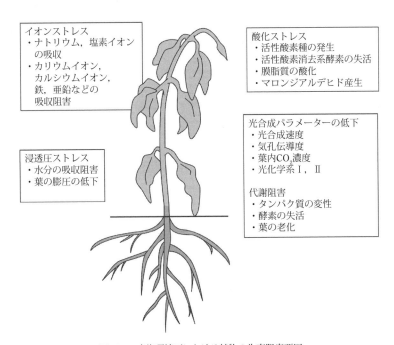

図4.13　高塩環境下における植物の生育阻害要因

らの阻害要因を打ち消す機能が備われば植物の耐塩性が高まる。次節では，植物の耐塩性機構について解説する。

4.2 耐塩性機構

　高塩環境下で植物が正常に生育するためには，塩分に対する耐性を身につけていなければならない。高塩分によって植物の生育が阻害されるメカニズムとして，前節4.1で示したように主に浸透圧ストレス，イオンストレスおよび酸化ストレスの三つが挙げられる。したがって，植物が塩分に抵抗して正常に生育するためには，過剰の塩分が植物細胞に到達するのを防ぎ，さらに，ナトリウムなどの特殊なイオンによるイオンストレス，水分欠乏による浸透圧ストレス，活性酸素種による酸化ストレスによる影響を最小限に留めなければならない。そのためには，1）過剰な塩分を植物体内に取り込まないようにする，2）過剰な塩分が取り込まれても，その塩分を植物体内から排出したり，特定の組織や液胞に隔離したりする，3）体内に取り込まれた塩分による細胞の損傷，また生命活動に重要な代謝への影響を回避する，ことが重要である。

　我が国の海岸沿いあるいは塩沼地にはアッケシソウ，ハマアカザ，ハママツナ，シチメンソウなどのヒユ科（旧アカザ科），ウラギク（キク科），ハマサジ（イソマツ科），そして南西諸島に広く分布しているマングローブなど，多くの塩生植物が自生している（**写真4.3**）。また，海水と陸水が混ざり合う汽水域には，耐塩性が極めて高いイネ科植物のヨシ（アシ）やシオクグが生育している。これらの野生植物は，進化の過程で，形態，生理，代謝レベルで高塩環境下に適応するための機能を獲得した。本節では，高塩環境下で生育できる植物がどのような仕組みで高塩分環境に適応しているかを紹介しながら，植物の耐

写真4.3　瀬戸内海で見られる塩生植物ハママツナ（撮影：実岡寛文）

塩性機構について解説する。

4.2.1 塩類腺，塩類嚢によるナトリウムイオンの排除

　塩生植物には，根から植物体内に取り込まれた塩分を，葉の表皮に分布している塩類腺（Salt gland），塩類嚢（Salt bladder）といった特殊な細胞から植物体の外へ排出する仕組みを持っているものが多い[26]。

　ヒユ科（Amaranthaceae）のソルトブッシュ（Saltbush）は葉に運ばれてきた塩分を塩類嚢から外部へ排出している。塩類嚢は軸細胞（Stalk cell）と気胞細胞（Bladder cell）からできている。蒸散流に溶けた塩分は根，茎，葉の導管，維管束鞘細胞，葉肉細胞を経て表皮細胞の細胞質に輸送される。さらに原形質連絡を通じて軸細胞へと輸送される。そして最後に軸細胞から原形質連絡を通じて気胞細胞に圧送され，気胞細胞の液胞に隔離される。塩分が大量に蓄積すると気胞細胞が壊れ，それに貯えられていた塩分は雨水などによって洗い流され葉の表面から取り除かれる。

　アイスプラント（*Mesembryanthemum crystallinum*）は，最近，食用や園芸用として私たちの身近な植物となっているが，もともとは，南アフリカ原産の双子葉植物である。アイスプラントは，比較的塩分の少ない条件下でも生育するが，高濃度の塩濃度下でもよく生育する塩生植物である。アイスプラントは根で吸収した塩分を葉や茎の表面に分布している塩類嚢に隔離している。200 mol/m^3 NaCl 下で 14 日間栽培したとき，塩類嚢内の塩分濃度は対照区で 87.7 mol/m^3 であったのに対して塩ストレス区では 820 mol/m^3 に達することが報告されている[27]。このように塩分が蓄積した塩類嚢が氷（アイス）のように見えることからアイスプラントと呼ばれている。

　また，高塩環境で見られる樹木のタマリスク（*Tamarix*）は，葉の表面の塩類腺から塩分を排出している。タマリクスの塩類腺は二つの収集細胞（Basal collecting cell）と六つの分泌細胞（Secretory cell）の八つの細胞からできている。収集細胞は，葉の葉肉細胞に接しており，葉肉細胞から原形質連絡を介して送り込まれた塩分を分泌細胞に送り込む役割をしている。分泌細胞は，細胞壁の周りをクチクラの厚い層に取り囲まれている。分泌細胞には小さな液胞がたくさん分布し，そこに塩を蓄積する。さらに，塩分は細胞

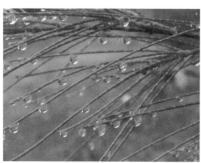

写真 4.4　メキシコ・バハカリフォルニア半島に自生しているタマリスクの葉についた露（撮影：実岡寛文）

写真 4.5　マングローブの塩腺から排出された塩分（メキシコ・バハカリフォルニア半島）（撮影：実岡寛文）

間隙を介してクチクラ層の細孔に拡散し，葉の表面に沈着する。クチクラはワックスが蓄積したもので水分を通さない。そのため，クチクラ層は，分泌細胞から葉肉細胞への塩分の逆拡散を防止するのに役立っている。タマリスクがよく見られる乾燥地・半乾燥地では冷え込んだ朝に空気中の水蒸気が葉の表面に結露することがある。葉の表面に排泄され濃縮された塩分は露に溶け，その露が葉からしたたり落ちるときに塩分が取り除かれる（写真 4.4）。マングローブの一つヒルギダマシやハマアカザなども塩類腺を利用して塩分を排除している（写真 4.5）。

　塩生植物に限らず中生植物においても塩類腺を発達させている植物がある。我が国の西南暖地において牧草として利用されているイネ科植物のローズグラス（*Chloris gayana*）や芝生として利用されているノシバ（*Zoysia japonica*）は，高塩環境下でも生育が阻害されにくい[28),29)]。これらの植物は葉の表面に塩類腺を発達させ，土壌から過剰に吸収した塩分を排除して耐塩性を強化している。また，野生イネ（*Porteresia coarctata* Tateoka）においても葉の表皮に塩類腺が分布しているのが観察されている[30)]。NaCl 濃度 200 mol/m^3 の高塩環境下で生育したこの野生イネの葉の表皮細胞，葉肉細胞，塩類腺のナトリウム濃度は，それぞれ 168，158，323 mol/m^3，また，カリウム濃度は，それぞれ 70，50，58 mol/m^3 であった。したがって，塩類腺は，ナトリウムイオンを排除し，細胞内のナトリウムとカリウムの濃度比（Na/K 比）を低く維持することによって葉内のイオンバランスを保持する重要な

役割をしていると考えられる。

一方，ハママツナやハマアカザなど多くの塩生植物は発芽時の葉は薄く扁平であるが，葉が大きくなって生育が盛んになるころには葉が厚みを増して多肉化してくる。これは，葉の水分含量を高めて細胞内の塩分濃度を希釈させるのに役立っていると考えられている。

4.2.2 ナトリウムイオンの取り込み・輸送と排除

高塩環境下では，細胞内に入ったナトリウムイオンは，タンパク質と水素結合している水分子と置換し，タンパク質を変性させる（図4.10）。さらに，過剰なナトリウムイオンは細胞膜からカルシウムイオンを取り除き，そのため細胞膜の透過性が変わり細胞内からカリウムイオンなどのイオンや有機物が細胞外へ漏出する。したがって，植物では細胞内へ過剰のナトリウムイオンを取り込ませないことが重要である。また，ナトリウムイオンが細胞に取り込まれても，細胞質に存在しているオルガネラやタンパク質などへの影響を最小限にする必要があり，そのためには過剰なナトリウムイオンを液胞に隔離することが重要である。多方，細胞質のNa/K比が小さい場合は，酵素は正常に機能するが，Na/K比が高い場合は酵素が不活化しタンパク質の合成が阻害される。したがって，細胞質のナトリウムイオン濃度を下げると同時にカリウムイオン濃度を維持することも耐塩性を強化するためには重要である。

植物根は一番外側から表皮，皮層，内皮，そして中心柱（木部，師部）からなる。表皮から入った水は，皮層の細胞質，あるいは細胞と細胞の間の細胞壁を通って内皮まで移動する。水が細胞の中の細胞質を通る経路をシンプラスト（Symplast）経路，細胞と細胞の間や細胞壁を通る経路をアポプラスト（Apoplast）経路と呼ぶ。内皮は，皮層と中心柱の間に位置し，一層の細胞からなるが，その周りをスベリンやリグニンからなるカスパリー線（Casparian strip）に取り囲まれている。スベリンは長鎖脂肪酸などを主成分とする疎水性のポリマーである。そのため，アポプラスト経路，シンプラスト経路で輸送された物質が内皮を通過しようとするときには，このカスパリー線により遮断され，物質の移動が妨げられる。

●第4章●植物の塩応答

　耐塩性の異なるインディカ米に塩ストレス処理を行った結果，耐塩性の強い品種Pokkaliにおいては，弱い品種IR 20と比較して地上部のナトリウム含量が低く維持され，地上部生存率も著しく高かった[31]。この原因として組織化学的手法によりPokkaliではIR 20に比べて内皮細胞に，より多くのスベリンが沈着していた。また，根内皮細胞のスベリン含量と地上部ナトリウム濃度には負の相関が見られた。したがって，一部の植物では根細胞の細胞壁構造を変化させることによって根へのナトリウムイオンの侵入を調節し，高塩環境に適応していることが推察された。

　細胞壁を通過したナトリウムイオンが細胞内にどのようにして取り込まれるのかは，シロイヌナズナやイネなどさまざまな植物を用いて，細胞膜，液胞膜上に存在するナトリウムイオンやカリウムイオンの吸収，輸送に関与しているタンパク質の機能解析を通じて明らかにされている[32]。細胞内へのナトリウムイオンの流入，細胞外への排出および液胞への隔離には，さまざまなチャネルやトランスポーターが働いている[33]（**図4.14**）。

　図4.14をもとに植物へのナトリウムイオンの取り込みと葉への輸送について簡単に以下に説明する。

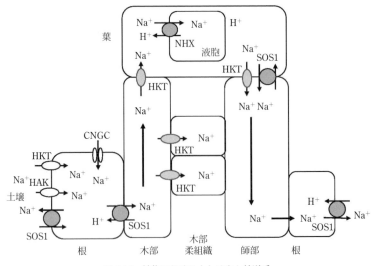

図4.14 植物におけるナトリウム輸送系

まず，細胞壁を通過したナトリウムイオンは，根細胞膜上に存在するサイクリックヌクレオチド感受性チャネル（CNGC：Cyclic Nucleotide-Gated Channel）を含む非選択的陽イオンチャネル（NSCC：Non-Selective Cation Channel）やいくつかの高親和性 K^+ - Na^+ トランスポーター（HKT：High affinity K^+ Transporter）およびカリウムトランスポーター（KT：K^+ Transporter）などを介して細胞内に流入する。他方，細胞内から外へのナトリウムイオンの排出は細胞膜上に局在している Na^+/K^+ 対向輸送体 SOS1（Salt Overly Sensitive 1）によって行われている。

次に，根細胞に流入したナトリウムイオンは，SOS1 によって木部（Xylem）に輸送される。蒸散流中のナトリウムイオンの一部は HKT により木部に隣接している木部柔組織（Xylem parenchyma cell）に輸送され貯蔵される。その結果，地上部に輸送されるナトリウムイオン量は低下する。

木部に入ったナトリウムイオンは蒸散流に乗って葉に移動する。葉に到達したナトリウムイオンは葉肉細胞の細胞膜上の HKT によって木部細胞から葉細胞へ取り込まれる。しかし，葉に入ったナトリウムイオンは，細胞質内のオルガネラやタンパク質合成などのさまざまな代謝への影響を回避するために，液胞膜や細胞膜上に局在しているナトリウムイオン／プロトン交換輸送体（NHX：Na^+/H^+ exchanger）や SOS1 によって，液胞に輸送されるか，細胞外へ排出される。

一方，耐塩性の強い植物では，葉に輸送されたナトリウムイオンを根へ送り返す機能を持っている。シロイヌナズナの師部に局在する AtHKT を持たない hkt1 変異体の根から地上部に輸送される木部導管液のナトリウム濃度は，野生株と比べて変化が見られなかったのに対して，地上部から根に輸送された師管液のナトリウムイオン濃度は hkt1 変異体で低かった[34]。したがって，AtHKT1 が地上部でナトリウムイオンを師管に輸送し根に送り返すことが示され，HKT 遺伝子発現レベルの高い植物では耐塩性が強いことが示されている。そして，根に送り返されたナトリウムイオンは根細胞膜上の SOS1 によって根細胞から根外へ排除されると考えられている。

ナトリウムイオンの排除，カリウムイオンの取り込みに関与するトランスポーター，チャネルに関連して植物を例にして耐塩性との関連を見てみると，

●第4章●植物の塩応答

耐塩性の異なるイネ2品種に塩ストレスを与えたところ,耐塩性の弱い品種は,葉,茎,根のNa/K比が高く,かつ,地上部からナトリウムイオンを排除する *OsHKT1;5* 遺伝子,カリウムイオン吸収に関連する *OsAKT1* をコードする遺伝子の発現が低くなったのに対して,ナトリウムイオン輸送に関連する *OsHKT2;1* 遺伝子の発現が増加することが確認された[35]（**図4.15**）。また,シロイヌナズナ AtSOS1 がナトリウムの長距離輸送を制御することや,トマトのSlSOS1は主に木部柔細胞から根の木部にナトリウムイオンを輸送する働きをしていることも報告されている[36]。また,イネでは,ナトリウムトランスポーターをコードする *OsHKT1;5* 遺伝子の発現が高塩環境下で誘導され,その結果,より低いNa/K比を維持し耐塩性が強化されたことが[37],さらに,シロイヌナズナの成熟した根の木部において *AtHKT1;1* 遺伝子を過

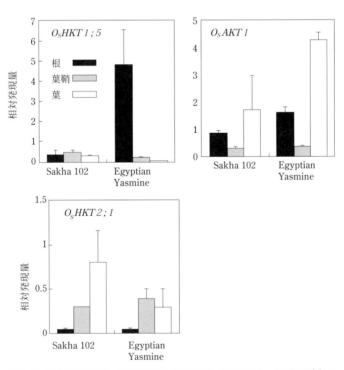

図4.15 耐塩性の異なるイネにおける *OsHKT1;5*, *OsHKT2;1*, *OsAKT1* 遺伝子の発現

剰発現させると，ナトリウムイオンの木部柔細胞への輸送が増加し，その結果，地上部のナトリウム排除能が増加したこと[38]が示されている。また，コムギにおいて根細胞の細胞膜に局在する TmHKT1;5-D は木部からナトリウムを取り除き，ナトリウムの葉への移行を減少させたことも報告されている[39]。塩生植物 *Reaumuria trigyna* 由来の *RtNHX1* 遺伝子を過剰発現させたシロイヌナズナの形質転換体は，野生株に比べて葉のナトリウム濃度が低く，逆にカリウム濃度が高かった。したがって，*NHX* 遺伝子は，葉の Na/K 比を低く維持することによって耐塩性を強化できることが確認された[40]。

イネ科植物 *Puccinellia tenuiflora* は汽水域にも生育できる耐塩性の強い植物である。この植物には *PutSOS1*，*PutHKT1;5*，*PutNHX1* 遺伝子が存在し，植物全体でナトリウム輸送系を制御してイオンの恒常性を維持していることが示されている[41]。特に，1）高塩環境下で *PtHKT1;5* 遺伝子が高発現し，ナトリウムイオンの根から地上部への移行を制御している，2）根細胞膜上に高親和性カリウム輸送体 PutHKT2;1 が局在し，高塩条件でもカリウムイオンを取り込むことができる，などが耐塩性の強い原因と考えられている。

以上のように，ナトリウムの輸送，排除に関わるトランスポーター，チャネルの機能を高めることは，植物の耐塩性を強化するうえで重要と考えられる。

4.2.3 浸透調節と耐塩性

植物の水吸収は，土壌の水ポテンシャルと葉の水ポテンシャルの差によってなされる。高塩環境下では根圏に溶けている塩類によって，葉の水ポテンシャルは低下する。土壌の水ポテンシャルがより低く，植物が水を吸収できなければ葉の水ポテンシャルはさらに低下し，植物に水分欠乏が生じる。水分が欠乏すると細胞の膨圧が失われ気孔を閉じるため光合成速度が低下し，生育は大きく阻害される。

葉の水ポテンシャルを土壌の水ポテンシャルよりも低く維持するために，多くの塩生植物では土壌に豊富にある塩分を吸収し，葉の浸透ポテンシャルを低めて，葉の水ポテンシャルを低下させている。しかし，葉に取り込まれた塩分は細胞にとって有害なため液胞に隔離し，核や葉緑体，ミトコンドリ

アが存在し，代謝反応が主に行われる細胞質の塩分濃度は低く維持しなければならない。液胞に塩分が蓄積すると，細胞質との間の浸透圧バランスが崩れる。この浸透圧差を打ち消すためには，細胞質の浸透圧を高める必要がある。カリウムイオンも浸透圧を高める効果はあるが，高塩環境下ではカリウムイオンの吸収が阻害されるため，カリウムイオンの浸透圧への寄与度は小さくなる。そこで，カリウムイオンとは別に，塩分に応答して生合成される適合溶質（Compatible solute）あるいは浸透調節物質と呼ばれる有機化合物を蓄積して細胞質の浸透圧を高めている。

適合溶質の主な特性として，水溶性で，生体内で代謝されにくく，かつ代謝経路に直接影響を及ぼさないことが挙げられる。適合溶質は数が多く，植物種によって利用する物質は異なる（表4.2）。

多くの植物に共通して見られる適合溶質は，アミノ酸のプロリン（ピロリジン-2-カルボン酸）である。プロリンは，主として細胞質においてグルタミン酸から合成される（図4.16）。まず，ピロリン-5-カルボン酸（P5C）合成酵素（P5CS）がグルタミン酸を還元し，グルタミン酸-γ-セミアルデヒド（GSA）に変換する。GSAは自発反応によりピロリン-5-カルボン酸（P5C）になり，さらに，P5CがP5C還元酵素（P5CR）により還元されプロリンとなる。一方，ストレスが解除されるとプロリンはミトコンドリア内でプロリン脱水素酵素（PDH），P5C脱水素酵素（P5CDH）の作用により分解され，グルタミン酸に戻る。プロリン合成酵素の*P5CS*，*P5CR*遺伝子は，塩ストレス下で速やかに誘導されるが，逆にプロリン脱水素酵素の*PDH*，*P5CDH*遺伝子は塩ストレス時に抑制され，ストレスが解除されると誘導される。プロリン合成系の酵素遺伝子をイネに導入して，プロリンを多量

表4.2 細胞内で適合溶質として機能する低分子有機化合物

1. ポリオール類
    ソルビトール
    マンニトール
    オノニトール
    ピニトール
2. 糖の誘導体
    スクロース
    トレハロース
3. アミノ酸およびその誘導体
    プロリン
    プロリンベタイン
    エクトイン
4. 第四級アンモニウム化合物
    グリシンベタイン
    β-アラニンベタイン
5. 第三級スルフォニウム化合物
    β-ジメチルスルフォニオプロピネート（DMSP）

に合成できるようにした植物も作られ，プロリンにより耐塩性が強化されることが確認されている[42]。細胞質中のタンパク質の周りには水分子が結合して水和構造を維持している。ナトリウムイオンが大量に流入すると，ナトリウムイオンは水分子を追い出し，タンパク質の水和構造が破壊される。水溶性で分子量が水分子より大きいプロリンは，

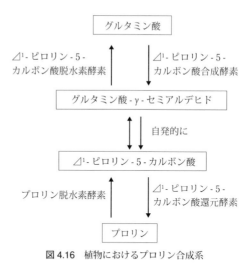

図 4.16　植物におけるプロリン合成系

タンパク質の周りを取り囲んでナトリウムイオンの侵入を阻止し，タンパク質の水和構造を保持する機能がある（図 4.17）。

四級アンモニウムイオン化合物のグリシンベタイン（ベタイン）は，水に溶けやすく，電荷を有していないため細胞質における電荷のバランスに影響を与えない。そのため多くの生物で適合溶質として蓄積している。ベタイン

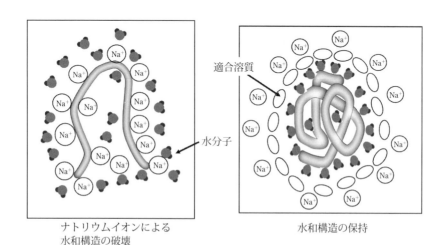

図 4.17　適合溶質プロリンによるタンパク質の水和構造の維持

は，マングローブの一つクマツヅラ科のヒルギダマシ，ヒユ科のアッケシソウ，ハママツナ，ハマアカザ，ホウレンソウ，サトウダイコン，オカヒジキ，アマランサス，イネ科のローズグラス，ノシバ，オオムギ，キク科のヒマワリ，アスターなどの比較的耐塩性の強い高等植物やラン藻，大腸菌など多くの生物に広く見られる。しかし，耐塩性の弱いイネ，シロイヌナズナ，タバコ，サツマイモなどではベタインは合成できない[43]。

　高等植物では，ベタインは葉緑体においてコリンから二段階の反応で生成される。その初発反応はコリンモノオキシゲナーゼ（CMO）が還元型フェレドキシンと酸素分子により触媒され，コリンがベタインアルデヒドに，続いてベタインアルデヒド脱水素酵素（BADH）が NAD^+ により触媒されベタインアルデヒドからベタインになる（図4.18）。これら二段階の反応は不可逆的で，しかもほとんどの植物がベタインを分解する経路を持たない。そのため，いったん合成されたベタインはストレスが解除され不必要になっても分解されることなく，そのまま植物体に残り，新しく成長する組織，器官に

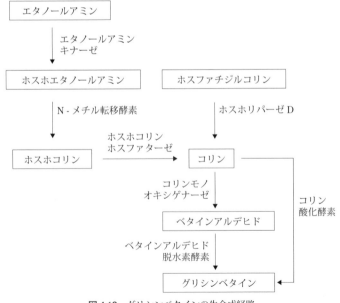

図4.18　グリシンベタインの生合成経路

輸送される。ベタインの前駆物質であるコリンは，リン脂質などの重要な成分であり，すべての植物に見られる。コリンの生合成経路は植物種によって異なる。例えば，ホウレンソウ，サトウダイコンなどでは，ホスホエタノールアミンがメチル化酵素によってメチル化されてホスホコリンが合成され，さらに加水分解酵素ホスホコリンホスファターゼによりコリンになる。他方，オオムギなどではコリンは膜脂質の代謝回転により生成されたホスファチジルコリンがホスホリパーゼ D によって加水分解されることで合成される。

イネやシロイヌナズナは，耐塩性が著しく弱いことで知られる。イネとシロイヌナズナに，コリンから一つの酵素反応で直接ベタインを合成できる土壌細菌（*Arthrobacter globiformis*）のコリン酸化酵素遺伝子を導入したところ，両植物とも耐塩性が強化される[44]。また，トウモロコシは，ベタイン合成酵素の初発酵素であるコリンモノオキシゲナーゼがないために，ベタインは合成できない。しかし，わずかにベタインが合成できる野生のトウモロコシを見いだし，それをもとに交配育種法によりベタイン集積型トウモロコシを分離，育成した。その結果，高塩環境下でもベタイン集積型トウモロコシは欠乏型に比べて，植物体としての耐塩性が強化されたのみならず，相対水分含量（RWC），光合成速度，膨圧の維持などグリシンベタインによる浸透調節能力が増大することが明らかになっている[45]（**表 4.3**）。

表 4.3 塩ストレス下におけるベタイン集積型トウモロコシおよび欠乏型トウモロコシのベタイン濃度（Bet），地上部乾物重（DW），水ポテンシャル（ψ_w），飽水時浸透ポテンシャル（$\psi_{s\,(100)}$），相対水分含量（RWC）および光合成速度（Po）

	Bet [mmol/m^3]	DW [g/個体]	ψ_w [−MPa]	$\psi_{s\,(100)}$ [−MPa]	RWC	Po [μmol/m^2/s]
ベタイン集積型						
対照区	3.2	67.4	0.68	1.06	0.99	38.0
塩ストレス区	10.9 [a]	40.7 [a]	1.38 [a]	1.26 [a]	0.80 [a]	13.0 [a]
ベタイン欠乏型						
対照区	0.2	68.3	0.69	1.06	0.98	38.5
塩ストレス区	0.2	34.9	1.43	1.14	0.73	9.8

塩ストレスは，NaCl 50 mmol/m^3 で 5 日間，100 mmol/m^3 で 3 日間，150 mmol/m^3 で 5 日間生育させて測定
a：0.05％レベルで有意差がある

トレハロースは二つのα‐グルコースが1,1‐グリコシド結合してできた二糖類で，還元基どうしが結合しているため還元性がなく，適合溶質としての役割は大きい。例えば，自然林に生えているイワヒバ（*Selaginella tamariscina*）や乾燥した砂漠地帯で乾燥に耐えて生育できるイネ科一年草*Tripogon loliiformis*は，含水量の95％が失われてほぼ全体が枯れたように見えても，植物としての生命は保たれていて，水分が再び与えられると徐々に葉が開き，しばらくして青々とした緑色の葉になる[46]。こうした植物は復活植物（復活草）と呼ばれ，脱水とともにトレハロースを合成し，細胞内に貯蔵している。植物細胞内のタンパク質や細胞膜は正常な状態では水分子と結合して水和構造を維持しているが，高塩環境では水欠乏により水和構造が破壊される。水分子より分子量が大きいトレハロースは，タンパク質やリン脂質膜に結合している水分子に入れ替わって結合し細胞膜の構造を安定化できると考えられている。

糖アルコールのマンニトールは，セロリをはじめとしたさまざまな植物にとって重要な適合溶質である。マンニトール濃度の高いセロリから単離したマンニトール生合成酵素のマンノース6リン酸還元酵素を，マンニトールを産生しないシロイヌナズナに導入したところ，マンニトールの蓄積が見られ，かつ高塩環境下で生育量が増大した[47]。ピニトールもマツ科，マメ科，ナデシコ科で見られる糖アルコールの一つである。耐塩性強のマメ科植物セスバニア，塩生植物アイスプラントでは高塩ストレス下で主にピニトールを生合成し適合溶質として利用している。アイスプラントでは塩ストレスがないときには葉の可溶性炭水化物に占めるピニトールの割合は10％以下であったのに対して，400 mol/m^3 NaClの高塩条件下では70％を占めていた。しかもピニトールは，液胞に分布せずに，大部分が細胞質と葉緑体で見られた[48]。

適合溶質には，浸透圧の調節を行うだけでなく，高塩環境下で植物が生命活動を行うためのさまざまな役割がある。

解糖系はすべての生物に共通に存在する糖の代謝経路で，グルコースをピルビン酸などの有機酸に分解し，生命活動に必要なエネルギーを産生する代謝過程である。ピルビン酸キナーゼ（Pyruvate kinase）は，ADPとホスホエ

ノールピルビン酸からピルビン酸を生成する反応を触媒する酵素である。ホソバノハマアカザ（*Atriplex gmelini*）の葉のピルビン酸キナーゼの活性は，塩ストレス下で低下する[49]。この酵素が正常に機能するにはカリウムイオンが必要であるが，高塩環境下ではカリウムイオンの吸収が阻害され，細胞質内のカリウムイオン濃度が低下し，ピルビン酸キナーゼの活性に影響を及ぼす。しかし，ホソバノハマアカザでは塩ストレス下でベタイン濃度が上昇し，酵素活性の阻害が抑えられた。ピルビン酸キナーゼとカリウムイオンとの親和性（Km 値）はベタインがない場合には 5.6 mol/m^3 と高かったが，葉のベタイン濃度が 0.5 および 1.5 mol/m^3 になると Km 値は 3.2 および 1.3 mol/m^3 と低下した。この結果は，ベタインが細胞質に存在すれば，少ないカリウムイオンでもピルビン酸キナーゼの機能を維持できることを示している。このようにベタインには，細胞質に存在する酵素の安定化やタンパク質を保護する役割がある。また，シロイヌナズナの根細胞にベタインを付与すると，細胞膜の機能が高まり細胞膜でのイオン選択性が増加するなどして，細胞質からのカリウムイオンの漏出が抑えられた。このことから，ベタインには細胞膜を安定化させる役割もあり，ほかにプロリンも高塩環境下でタンパク質や細胞膜を安定化させる機能を持っている。適合溶質の働きには高塩環境下でのタンパク質の保護，膜の安定化，活性酸素種の消去が見られるほか，核酸の Tm 値を低下させることによって DNA の複製や遺伝子の転写，翻訳の保護[50]にも役立っており，高塩環境から植物を保護するためのさまざまな働きを担っている。

4.2.4 活性酸素の消去と耐塩性

高塩環境下では植物細胞の細胞質，葉緑体，ミトコンドリアにおいて，活性酸素種である一重項酸素（$^1O_2$），過酸化水素（H_2O_2），スーパーオキシドアニオン（O_2^-），ヒドロキシラジカル（・OH）が常に発生する（図 4.19）。活性酸素種は細胞膜を酸化し，タンパク質の分解，そして DNA の変性などを起こし細胞に大きな損傷を与えるため，活性酸素を消去することは植物が高塩環境に適応するためには重要である。塩生植物や耐塩性の強い植物には，活性酸素消去系酵素と呼ばれるスーパーオキシドジスムターゼ（SOD），カ

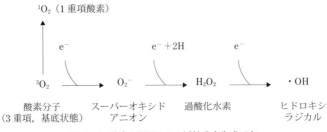

図 4.19 酸素の還元による活性酸素生成反応

タラーゼ（CAT），アスコルビン酸ペルオキシダーゼ（APX），グルタチオンペルオキシダーゼ（GPX）などの酵素タンパク質や，非酵素的抗酸化物質のアスコルビン酸，グルタチオン，α-トコフェロールなどを合成し，活性酸素を解毒する仕組みが備わっている。

活性酸素消去系酵素の一つ SOD は，補因子として鉄（Fe），マンガン（Mn），銅（Cu），亜鉛（Zn）を含み，金属の種類によりそれぞれ Fe 型 SOD, Mn 型 SOD, Cu/Zn 型 SOD の 3 種類に分けられる。Fe 型 SOD は主に葉緑体ストロマ，Mn 型 SOD はミトコンドリア，Cu/Zn 型 SOD は細胞質やチラコイド膜などに分布している。また，APX は細胞質，葉緑体，ミトコンドリアなどに，CAT はミクロボディや細胞質などに局在している。特に，葉緑体にはチラコイド膜上とストロマに存在する APX アイソザイムを中心とした活性酸素の消去機構が発達している。光化学系で生成された O_2^- は，Cu/Zn 型 SOD により H_2O_2 に変換され，さらに，チラコイド膜上の APX によって安全な H_2O（水）へと還元される。また，ミクロボディ内で発生した O_2^- は SOD により，H_2O_2 は CAT により消去される。しかし，CAT の H_2O_2 に対する親和性が低いため，ミクロボディ膜上の APX と共同で H_2O_2 を消去し，H_2O_2 がミクロボディ外に漏れ細胞質に拡散しないようにしている。

活性酸素消去系酵素の活性は，植物の種類あるいは同じ植物でも品種によって大きく異なる。例えば，C_3 植物コムギ 2 品種，C_4 植物トウモロコシ 2 品種を NaCl 50, 100, 150 mol/m^3 と徐々に上げて塩ストレスを付与した結果，トウモロコシの SOD, APX 活性はコムギに比べて高かった[51]。さらに，活性酸素種による光合成速度，PS II 活性および電子伝達速度の阻害程度も

トウモロコシで高かった。この結果から，高塩環境下での活性酸素消去能力と活性酸素による影響は植物種，品種で異なることが示された。また，耐塩性の異なるオオムギ品種にNaCl処理を行った結果，耐塩性の強い品種は耐塩性の弱い品種に比べて葉のSOD，CAT，POD，APX活性が高く，かつ，H_2O_2濃度が低いことが示された[25]（**写真4.6**）。

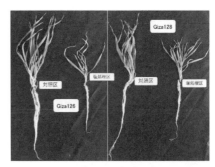

写真4.6 オオムギにおける耐塩性の品種間差。耐塩性の弱い品種（左：Giza126）では新葉の枯死が見られたが，耐塩性の強い品種（右：Giza 128）では枯死は見られなかった（撮影：実岡寛文）

耐塩性が著しく弱いジャポニカ米（品種日本晴）に，大腸菌から単離したカタラーゼをコードする *Kat* E 遺伝子を導入したところ，遺伝子組換え体ではカタラーゼ活性が1.5～2.5倍増加し，さらに，非組換え体では100 mol/m³ NaCl存在下で開花・結実ができなかったが，組換え体イネでは正常に生育し，開花・結実が見られた[52]。また，マングローブの *Avicennia marina* から単離した細胞質Cu/Zn型SOD遺伝子をインディカ米に導入した結果，150 mol/m³ NaCl溶液を8日間処理した組換え体では，塩ストレスによる枯死は見られず耐塩性が強化された[53]。以上の活性酸素に関する一連の研究結果は，耐塩性の強化に抗酸化機構が重要な役割を果たしていることを示唆している。

一方，植物に含まれるアスコルビン酸，グルタチオン，α-トコフェロール，カロチノイドなどは抗酸化剤として活性酸素を消去する役割を持っている。

アスコルビン酸（ASA）は，高等植物の緑葉には数 mol/m³ の濃度で含まれ，特に葉緑体では数十 mol/m³ という高濃度に達する。アスコルビン酸は，H_2O_2を消去するためにアスコルビン酸ペルオキシダーゼ（APX）によって酸化される。アスコルビン酸の酸化生成物であるモノデヒドロアスコルビン酸（MDA）は不均化反応によりアスコルビン酸とデヒドロアスコルビン酸（MDA）に変換され，さらに，デヒドロアスコルビン酸還元酵素（DHAR）によってアスコルビン酸に還元される。このときグルタチオン（GSH）はDHARによって酸化されるが，グルタチオン還元酵素（GR）によってGHS

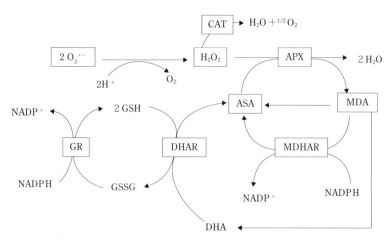

図 4.20 植物におけるアスコルビン酸ペルオキシダーゼが関与する H_2O_2 分解機構
ASA：アスコルビン酸，APX：アスコルビン酸ペルオキシダーゼ，MDA：モノデヒドロアスコルビン酸，MDHAR：モノデヒドロアスコルビン酸還元酵素，DHA：デヒドロアスコルビン酸，DHAR：デヒドロアスコルビン酸還元酵素，GSSG：グルタチオンジスルフィド，GSH：グルタチオン，GR：グルタチオン還元酵素，CAT：カタラーゼ，SOD：スーパーオキシドジスムターゼ

に再生される（図 4.20）。

アセロラ（*Malpighia emarginata*）は，果実に高いアスコルビン酸を含有している。アセロラから単離したモノデヒドロアスコルビン酸還元酵素遺伝子をタバコに導入した形質転換体では，高塩条件下で野生株に比べてアスコルビン酸含量が増加した。そのため，過酸化脂質生成量が少なく，葉緑体の分解程度も小さくなり耐塩性が強化された[54]。他方，アスコルビン酸を葉面散布するとSOD，CATなどの活性酸素消去系酵素の活性が増加し，活性酸素濃度が低下して，細胞膜からの電解質漏出率（Electrolyte leakage）が低くなり，葉の相対水分含量（RWC）が維持されて耐塩性が強化されることが明らかになっている[55]。

アスコルビン酸生合成過程で産生されるグルタチオンは，グルタミン酸／システイン／グリシンからなるトリペプチドであり，アスコルビン酸の再還元に重要であるが，直接活性酸素の・OHなどを消去する。

トコフェロール（ビタミンE）もまた，活性酸素を消去する。アスコルビン酸が水溶性であるのに対して，α-トコフェロールは脂溶性であるため，

特に生体膜の周りに分布し、その周辺で活性酸素を消去する。α-トコフェロールは、トコフェロール化合物の一種で、植物に広く分布している。中でも、葉緑体に含まれる全トコフェロール含量の90%以上がα-トコフェロールである。α-トコフェロールは光化学系において生成された一重項酸素（$^1O_2$）を消去し、膜脂質の過酸化を抑制する機能を持っている[56]。さらに、α-トコフェロールは、SOD、CATなどの活性酸素消去系酵素の活性に影響を与えることにより、活性酸素種を減少させことができる。また、α-トコフェロールは、活性酸素による膜透過性の影響を軽減し細胞からイオン漏出を減少させることにより、ナトリウムイオンとカリウムイオンの恒常性を維持して植物の耐塩性を強化している[57]。

植物に含まれるカロチノイド、ポリフェノール化合物も活性酸素を消去する抗酸化物質として知られ、これらの化合物の生合成は高塩環境下で阻害される。しかし、耐塩性の強い植物種では、これらの化合物含量が高いことから、耐塩性と密接に関わっていることが確認されている。

4.2.5 植物ホルモンと耐塩性

植物ホルモンは、植物体内で生産され、植物の成長を微量で調節する低分子有機化合物である。アブシジン酸、オーキシン、サイトカイニン、ジベレリン、エチレン、ジャスモン酸、ブラシノステロイドなどが含まれる。植物ホルモンは、植物の発生や成長・分化をはじめ、さまざまな環境応答に重要な働きをしている。高塩環境下での植物ホルモンの機能や作用のメカニズムを理解することは、植物の耐塩性を強化するうえで重要である。

高塩環境下では、特にナトリウムイオンはさまざまな影響を及ぼし植物の生育を阻害する。したがって、過剰な塩分を細胞に取り込まないようにする、あるいは取り込んだ塩分を液胞などに隔離する、ことなどが植物の耐塩性を強化するためには重要である。アブシジン酸によってナトリウムの輸送や排除に関わる遺伝子が誘導されることが多くの植物で見られている。例えば、シロイヌナズナでは、細胞質から液胞へのナトリウムイオンの輸送に関与するナトリウムイオン/プロトン交換輸送体（NHX）[58]が、また、ナトリウムイオンを木部柔組織に、また、木部から葉に輸送する働きをする高親和性

K$^+$-Na$^+$トランスポーター（HKT）が誘導されること[59]が確認されている。耐塩性の弱いイネに，アブシジン酸を投与すると根におけるナトリウムイオンの取り込みが抑えられてNa/K比が低く維持され，収穫時の子実収量の増加も見られた。このように，アブシジン酸は植物体内のイオンの恒常性を維持して耐塩性を強化していることが示されている[60]。

高塩環境下では葉の老化が早まる現象が見られることがある。葉の老化は，サイトカイニンの減少とエチレンの増加が原因と考えられている。スイートオレンジ（*Citrus sinensis* L.）では，アブシジン酸処理により，エチレンの放出を減少させ葉の老化を遅らせることができた。この要因として，アブシジン酸が毒性イオンである塩素（Cl）を細胞質から排除する機能を高めたことによることが明らかにされている[61]。また，サイトカイニンを付与することでも高塩環境下で起こる葉の老化を低減できる。ソルガムに高塩環境下でサイトカイニンを付与すると耐塩性が強化され，この効果はジベレリンを併用するとより高まることが報告されている[62]。

植物における浸透調節（Osmoregulation）は，植物体内の水分を保持するのに重要な働きである。イネに塩ストレスと同時にアブシジン酸を投与すると適合溶質のプロリン含量の著しい増加が見られ，生存率も高まった。アブシジン酸によるプロリン含量の増加は，プロリン合成の鍵酵素であるピロリン-5-カルボン酸合成酵素遺伝子の発現が誘導されることによる[63]。さらに，トウモロコシ4品種を100 mol/m^{3}で生育させて調査したところ，アブシジン酸濃度と葉面積に正の相関関係が見られ，また，アブシジン酸濃度の高い品種では可溶性糖の蓄積が見られた。このように，アブシジン酸などのホルモンが浸透調節を通じて耐塩性を強化していることも示されている[64]。

ナスにサイトカイニンを根から吸収させ解析したところ，高塩環境下でもサイトカイニン処理区では光合成機能が維持され，スーパーオキシドアニオン（O_2^-）発生量が少なかった[65]。さらに，活性酸素消去系酵素のSODおよびAPX活性，抗酸化物質のアスコルビン酸およびグルタチオン，適合溶質のプロリン濃度が高かった。したがって，これらの結果はサイトカイニンが光合成機能，抗酸化能力，浸透調節能を高めて植物の耐塩性を強化できることを示している。同時に，低濃度のサイトカイニンを葉面散布すると，塩

ストレス下で吸収が低下したFe, Zn, Mnなどの吸収も改善されることが示されている。

また，トウモロコシにジベレリンを葉面散布すると，塩ストレスによるクロロフィル含量の低下，細胞からの電解質漏出率の上昇，活性酸素消去系酵素SODおよびAPXの活性の低下が小さかった。ジベレリンは，膜透過性を維持しプロリンを蓄積させることで，塩分の影響を緩和できると考えられる[66]。

他方，植物ホルモンには入っていないが，植物の環境ストレスに対する適応反応に関与する化合物も知られている。ポリアミンもその一つである。ポリアミンには，プトレシン，スペルミジン，スペルミンなどの化合物が含まれる。エンドウの葉から単離した葉肉細胞にプトレシンとスペルミンをそれぞれ投与したところ，どちらも細胞膜の非選択性陽イオンチャネル（CNGC）をブロックし，葉肉細胞からカリウムイオンの流出を抑制させた。したがって，ポリアミンは細胞内のイオンの恒常性の維持に関わっていることが示された[67]。他方，イネにスペルミジン，スペルミンを投与すると，高塩環境下でも，還元糖とプロリンの合成による浸透調節機能，Na/K比の低下によるイオンバランス，CATなどの活性酸素消去系酵素の活性が維持されて，イネの耐塩性が強化することも確認されている[68]。

植物は，病原菌に感染したときにサリチル酸を合成し，そのサリチル酸をシグナルとして抗菌物質を産生し病原菌抵抗性を獲得している。このほか，サリチル酸は，さまざまな環境ストレスに対するシグナル伝達物質として機能している。植物が高塩環境に置かれた場合でも，サリチル酸が耐塩性に影響を及ぼしていることが示されている。例えば，バレンシアオレンジにサリチル酸を葉面散布し耐塩性を検討したところ，サリチル酸の投与により塩ストレス下でも光化学反応の量子収率（Fv/Fm）および光合成速度が高く維持された。さらに，プロリン含量が増加し，細胞液漏出率も低く，細胞膜安定性（Cell membrane stability）も高く維持された。このように，サリチル酸は浸透調節と光合成機能を維持することで耐塩性を強化している[69]。

一方，5-アミノレブリン酸（α-aminolevulinic acid）は，グルタミン酸から合成され，クロロフィル合成の前駆物質であるが，植物ホルモンとして位

●第4章●植物の塩応答

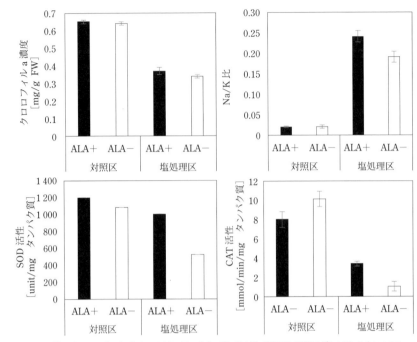

図4.21 塩ストレス下における 5-アミノレブリン酸（ALA）葉面散布がフダンソウのクロロフィル濃度，Na/K 比，SOD および CAT 活性に及ぼす影響

図4.7 塩処理と同時に ALA（α-アミノレブリン酸）を葉面処理したときのフダンソウの生育状況。塩処理（写真右）により植物の生育は抑制されたが，ALA を葉面散布した植物（写真中央）では生育が維持された（撮影：劉　利雲）

置づけられていない。しかし，高塩環境下において 5-アミノレブリン酸を葉面散布すると，クロロフィル合成の促進，Na/K 比の低下，葉の水分状態の改善，活性酸素消去系酵素の活性が維持されて塩ストレスが改善されるこ

とも報告されている[70] (図 4.21, 写真 4.7)。

以上のように，植物の高塩環境下における耐性の機構や植物の生産性に関係するさまざまな研究が行われている。今後も新たな知見が得られるものと思われる。

4.3 植物の好塩性

4.3.1 塩濃度と植物の生育

植物は培地に塩が存在すると生育が低下する。バイオマスの低下が始まる塩濃度と塩濃度上昇に伴うバイオマスの低下度合いで耐塩性の強弱が決まる。耐塩性には大きな植物種間差があるが，耐塩性の強弱で植物は大きく中生植物 (Glycophytes) と塩生植物 (Halophytes) に分類される。大部分の植物は中生植物に属する。我々の生活に身近なイネやコムギなどの穀類，トマトやキャベツなどの野菜類，ナシやオレンジなどの果樹類のほとんどは中生植物である。一方，海浜や内陸の高塩濃度地帯に自生する耐塩性が非常に強い

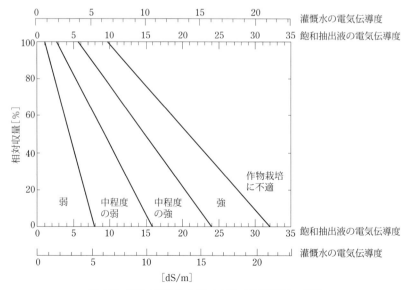

図 4.22　培地の塩濃度 (EC) と植物の相対収量との関係

表 4.4 耐塩性の度合い

耐塩性の程度	収量低下が始まる飽和抽出液の電気伝導度（ECe）	
弱	＜ 1.3	dS/m
やや弱	1.3 〜 3.0	dS/m
やや強	3.0 〜 6.0	dS/m
強	6.0 〜 10.0	dS/m
作物栽培に不適 （もし収量減が認められなければ）	＞ 10.0	dS/m

写真 4.8 ナスの水耕栽培。標準培養液（左）と 50 mol/m^3 塩化ナトリウム添加培養液（右）（撮影：藤山英保）

植物群である塩生植物は塩化ナトリウム濃度 400 mol/m^3（海水の 4/5 濃度）以上で成長と繁殖が可能であると定義されている。しかし中生植物と塩生植物との境界は明確でない。4.2 で述べたように，植物はさまざまな耐塩性，耐ナトリウム性を有している。Maas[71] は植物のバイオマスが低下しはじめる塩濃度（電気伝導度（EC））で，強（Tolerant），中程度の強（Moderately tolerant），中程度の弱（Moderately sensitive），弱（Sensitive）の四つに分類している（図 4.22）。耐塩性が弱，やや弱，やや強，強に分類される植物種はそれぞれ ＜ 1.3 dS/m，1.3〜3.0 dS/m，3.0〜6.0 dS/m，6.0〜10.0 dS/m である（表 4.4）。例えば弱の植物種はすべて 8.0 dS/m 以上で収量は 0 になる。培地の塩濃度が 10.0 を超えると 100％の収量が得られる植物はない。植物種が四つの分類のどれに属しても，培地に塩がない状態が最適である。写真 4.8 は標準的な培養液（左）とそれに 50 mol/m^3（海水の 1/10 程度）の塩化ナトリウムを添加して（右）栽培したナスである。塩化ナトリウムを添加したナスのバイオマスは約半分であった。このように塩の存在は植物にとっての生育阻害要因となる。

4.3.2 好塩性植物

塩に対して一般の植物とはまったく違う反応をする植物群が存在する。一般の植物の生育には塩が存在しない条件が最適であるが，塩が存在する条件が生育に有利である植物群が存在する。野菜のフダンソウやテーブルビートは塩が存在する条件でバイオマスが最大となる。塩生植物に分類されているサリコルニア・ビゲロビ（*Salicornia bigelovii*：北海道のアッケシソウ（サンゴソウ）の近縁種で，アメリカ南東部とメキシコの海辺や塩性湿地に自生する）は塩が存在しない条件では生存できない（**写真 4.9 ～ 4.11**）。それらの植物群の生理作用もこれまでは耐塩性の概念で説明されてきた。例えば，塩生植物が高濃度の塩の存在下で生育が可能なのは液胞中に塩害の中心元素であるナトリウムを高濃度で封じ込めて塩に耐えているからである，という説明である[72]。しかし，これでは培地に塩が存在しない条件，つまり，塩を封じ込める必要のない条件で生存が不可能である，あるいは成長が不良である現象の説明ができ

写真 4.9 メキシコ・南バハカリフォルニア州ゲレロネグロの海中から育つ塩生植物サリコルニア・ビゲロビ（撮影：藤山英保）

写真 4.10 メキシコ・南バハカリフォルニア州ラパスの海浜に自生するサリコルニア・ビゲロビ（撮影：藤山英保）

写真 4.11 サリコルニア・ビゲロビの水耕栽培。塩化ナトリウムを添加しない標準培養液（左端）では生存できない（撮影：藤山英保）

● 第 4 章 ● 植物の塩応答

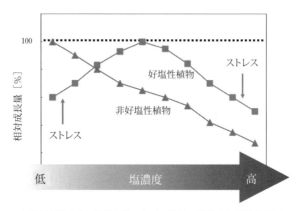

図 4.23　好塩性植物と非好塩性植物における培地の塩濃度と相対成長量との関係

ない。塩が存在する条件が生育に有利である植物群は塩濃度の上昇とともに生育が向上し，一定の塩濃度，すなわち最適塩濃度でバイオマスが最大となる。最適塩濃度は種によって異なる。筆者はそのような生育反応を示す植物群を好塩性植物（Salt - loving plants）と呼んでいる。好塩性植物でも塩濃度が最適塩濃度を上回るとバイオマスは次第に減少する。高塩濃度での生育低下は耐塩性の概念で説明できる。すべての植物は高塩環境下で培地の浸透圧が上昇する（浸透ポテンシャルが低下する）につれて水吸収が抑制される。好塩性植物も同様で，最適塩濃度以上では水吸収が抑制されるために生育が低下する。好塩性植物の特徴は最適塩濃度に至るまでの培地の塩濃度上昇に伴う生育の向上過程である。塩に対するこの生育反応をもとに筆者は非好塩性植物と好塩性植物に分類する（図 4.23）。非好塩性植物では培地の塩濃度の上昇に伴ってはストレスが増す。一方，好塩性植物では無塩および低塩状態と最適塩濃度以上の塩濃度がストレス状態である。

4.3.3　好塩性機構

　培地塩濃度の上昇に伴って植物の生育向上をもたらす機構を好塩性機構と呼ぶ。本項ではこれまでに解明されている好塩性機構について述べる。耐塩性や好塩性で論じられる塩はナトリウム塩と考えてよい。ナトリウムは一価の陽イオンで同じ一価のカリウムとの関係が動物，植物ともに論じられてき

た。ナトリウムとカリウムの植物と動物における役割は大きく異なる。植物と動物の代表例として，被子植物とヒト（ほ乳類）のカリウム，ナトリウムおよびナトリウム・カリウム比を**表 4.5**[73)] に示した。被子植物ではカリウムがナトリウムの 10 倍以上含まれる。ヒトではカリウムは被子植物の 1/3 程度でナトリウムは 3 倍程度である。ナトリウム・カリウム比は被子植物が 0.09 であるのに対してヒトは 0.59 である。つまり被子植物はカリウム嗜好，ヒトはナトリウム嗜好といえる。ヒトの体液の電解質組成を**表 4.6**[74)] に示した。ナトリウムと塩素は血漿と毛細血

表 4.5 被子植物とヒトの乾物あたりカリウム，ナトリウム，塩素濃度 [ppm] と Na/K

	K	Na	Cl	Na/K
被子植物	14 000	1 200	1 000	0.09
ヒト	5 400	3 200	3 300	0.59

表 4.6 体液の電解質組成

ミリ当量 [mEq/L]		細胞外液		細胞内液
		血漿	組織間液	
陽イオン	Na^+	142	144	15
	K^+	4	4	150
	Ca^{2+}	5	2.5	2
	Mg^{2+}	3	1.5	27
	計	154	152	194
陰イオン	Cl^-	103	114	1
	HCO_3^-	27	30	10
	HPO_4^{2-}	2	2	100
	SO_4^{2-}	1	1	20
	有機酸	5	5	-
	タンパク質	16	0	63
	計	154	152	194

管から血漿がしみ出た組織間液からなる細胞外液に多い。それに対してカリウムは細胞内液に多い。なぜヒトは細胞外液にナトリウムを多く含むのであろうか。ヒトは外部の環境が変わっても体内環境を一定に保つ。これをホメオスタシスと呼ぶ。高橋[75)] によるとホメオスタシスを確立するための基盤としては浸透圧，血液の pH，体温の維持がある。この三者のうちナトリウムが重要な役割を果たしているのは血圧と血液の pH の調節である。ナトリウムを多く摂取すると血漿の浸透圧が上昇するため，組織間液や細胞内液から水を移動させ，浸透圧を一定に保つ。つまり血液中の水分が多くなり，血圧を上昇させる。ヒトの体は血圧が一定に保たれることが必要であり，ナトリウムはその重要な役割を果たしている。血圧とともにナトリウムの重要な役割は血液の pH 維持である。ヒトは肺から酸素を取り込む。酸素は赤血球のヘモグロビンと結合して体全体の細胞に運ばれる。酸素とヘモグロビンの

結合に最も都合がよいpHが弱アルカリ性の7.4である。これより低いとアシドーシス，高いとアルカローシスと呼ばれる病的状態となる。酸性のpH 6.95で昏睡状態を引き起こし，アルカリ性のpH 7.7でけいれんを引き起こすと言われている。このようにナトリウムはヒトの生存に必須の元素である。

しかし，植物にとってナトリウムは必須元素ではない。植物がナトリウムを必要としないのは細胞外液が存在しないことによる。植物においてもヒトと同様に細胞内液はカリウム型である。植物の導管液は細胞外液であるが，ヒトの血液のように循環することはない。植物には体内環境を一定に保つためのホメオスタシスは必要ないのでナトリウムを必要としない。それどころかナトリウムは植物に害をもたらす元素である。実はヒトで必要とされたナトリウムによる浸透圧（血圧）とpH維持が植物には不利に働くことがある。ナトリウム塩は土壌溶液の浸透圧を上昇させ，植物の水吸収を抑制する。東日本大震災の津波で植物が枯死した原因である。ナトリウムはそれ自体が植物体内で高濃度になることによる過剰症を引き起こす直接作用と，カリウムやカルシウムのような必須陽イオンの吸収を拮抗的に抑制するのに加えて，根から茎葉への輸送を抑制してそれらの欠乏症を引き起こす間接作用がある。直接作用と間接作用はどちらも植物の生育を低下させるが，後者のほうが一般的である。耐塩性は厳密には耐高浸透圧性と耐高ナトリウム性に分類され，Maas[71]は両者を別々に扱っている。多くの植物種で両ストレスに対する耐性は同程度とされているが，マメ科牧草のアルファルファでは耐高浸透圧性を中程度の弱，耐高ナトリウム性を強と分類している。好塩性は正確には好ナトリウム性である。なぜならば，ナトリウム濃度が低く，浸透圧が低い培地でナトリウム濃度を上昇させると生育が向上するからである。カリウムやカルシウムの含有率が低くても欠乏症状を呈することはない。ナトリウムによる生育促進はこれまでも観察されてきたが，ArnonとStout[76]によると必須元素は，1）生物はその元素なしに生命を全うすることはできない，2）その元素の作用は特異的で，ほかの元素で置き換えることができない，3）生物に対するその元素の効果は直接的でなければならない，と定義されている。さらにEpstein[77]の追加，その元素は必須化合物または代謝産物の一部でな

ければならない，には当てはまらない。そのためナトリウムは植物の必須元素とはされず「有用元素」(Functional element)とされている[78]。つまり，ある特定の植物種かある特殊な条件下で必要とされる元素と定義されている。植物はカリウムの供給が十分でないときに代替にナトリウムを利用することが知られている[79]。一方，ナトリウムによる生育促進はテンサイやテーブルビートなどのヒユ科（旧アカザ科）植物で観察されてきた[75]。その作用はカリウムの代替で説明されてきた。髙橋と前嶋[80]は多くの植物種を用いてナトリウムの有用性の種間差を調査し，ヒユ科やアブラナ科に有用性を見いだしているが，それはカリウムによる浸透圧調節の代替としての役割としている。あるいはナトリウムの生育促進効果についても耐ナトリウム性で説明されることが多いが，これはナトリウムの有用性をもたらす好ナトリウム性機構についての研究が少なかったためと思われる。

4.3.4 好塩性機構に関する知見

筆者らの好ナトリウム性機構についての四つの研究を紹介する。

（1）ナトリウムの吸収と最適ナトリウム濃度

好塩性を見いだすきっかけとなった研究は耐塩性機構を調査するために行った栽培実験である。対照土壌，塩性土壌，ソーダ質土壌，強ソーダ質土壌のそれぞれに耐塩性弱のインゲン，やや弱のトウモロコシ，強のテーブルビート，塩生植物のサリコルニア・ビゲロビを栽培した[81]。インゲンとトウモロコシは強ソーダ質土壌では生存できず，対照土壌，塩性土壌，ソーダ質土壌の順で生育は悪化した。データを示さないが，両植物種の耐塩性は体内のナトリウムとほかの必須陽イオンとのバランスで説明することができた。すなわちナトリウム・陽イオン比が低くなるにつれて生育が向上した。一方，テーブルビート（北海道で栽培されるテンサイ（サトウダイコン）の近縁種）は塩性土壌で，サリコルニア・ビゲロビはソーダ質土壌で最も生育が良好であった（図4.24）。テーブルビート，サリコルニア・ビゲロビともに最も生育が良い土壌で積極的にナトリウムを吸収する一方，カリウム，カルシウム，マグネシウムの吸収が抑制され，イオンバランスは著しく悪化した。特にサ

●第 4 章●植物の塩応答

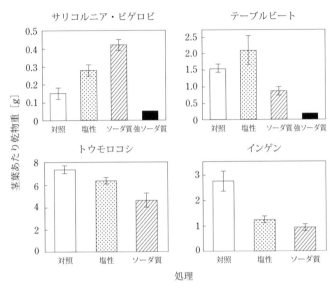

図 4.24　対照土壌，塩性土壌およびソーダ質土壌に栽培したサリコルニア・ビゲロビ，テーブルビート，トウモロコシ，インゲンの茎葉乾物重

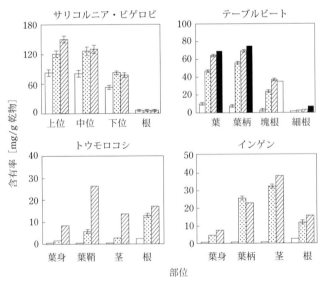

図 4.25　対照土壌，塩性土壌およびソーダ質土壌に栽培したサリコルニア・ビゲロビ，テーブルビート，トウモロコシ，インゲンにおけるナトリウムの体内分布

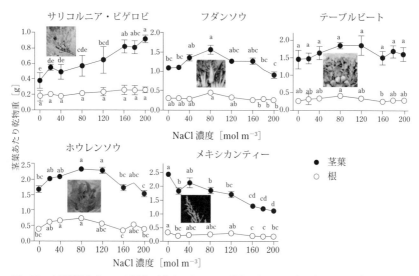

図4.26 水耕栽培したヒユ科植物（サリコルニア・ビゲロビ，テーブルビート，フダンソウ，ホウレンソウ，メキシカンティー）における培養液中 NaCl 濃度と茎葉乾物重との関係

リコルニア・ビゲロビは吸収したナトリウムを積極的に成長部位に輸送した（図 4.25）。さらに，両種で最も生育が良い土壌でカリウムの吸収が最も抑制された。これらの研究をきっかけとして，サリコルニア・ビゲロビとテーブルビートが属するヒユ科植物においてバイオマスが最大となる培地の最適ナトリウム濃度を調査した。その結果，フダンソウとホウレンソウでは 80 mol/m^3，テーブルビートでは 80〜120 mol/m^3 であることがわかった（図 4.26）[82]。メキシカンティーには好塩性が認められなかった。そのほか，オカヒジキ・キヌアでは 40 mol/m^3，コキアでは 120 mol/m^3，サリコルニア・ビゲロビでは 200 mol/m^3（海水の 2/5 濃度）であることがわかった。

(2) 水吸収に及ぼすナトリウムの影響

（1）の研究で，サリコルニア・ビゲロビがソーダ質土壌でナトリウムを積極的に吸収するにも関わらず生育は良好であり，最適 NaCl 濃度は 200 mol/m^3 であることがわかった。そこで低 NaCl 濃度（0.005 mol/m^3）から高 NaCl 濃度（500 mol/m^3）まで段階的に NaCl 濃度を変えてサリコルニア・ビゲロビの生育を調査した。その結果，バイオマスが小さかった低 NaCl 濃

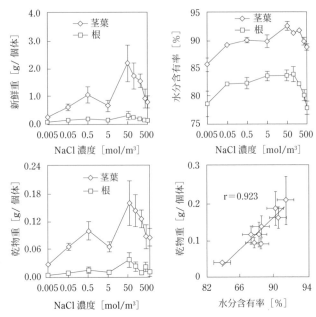

図 4.27　水耕栽培したサリコルニア・ビゲロビにおける培養液中 NaCl 濃度と対する新鮮重，乾物重，水分含有率との関係および水分含有率と乾物重との関係

度および高 NaCl 濃度では水分含有率が低く，水分含有率と乾物重（DW）との間には高い正の相関が認められた。このことから低 NaCl 濃度での生育低下の原因が高 NaCl 濃度での生育低下と同様に水吸収が抑制されて起こる水分ストレスであることが明らかになった（図 4.27）[83]。

（3）硝酸イオンの吸収と移行に及ぼすナトリウムの影響

　メキシコで中程度にナトリウムが集積した土壌にテーブルビート，フダンソウ，サリコルニア・ビゲロビを栽培したところ，テーブルビートとフダンソウは良好な生育を示したのに対して（写真 4.12，4.13），サリコルニア・ビゲロビの生育は悪く，窒素の欠乏様症状を呈し，枯死した（写真 4.14）。高いナトリウム濃度を成長に必要とするサリコルニア・ビゲロビにとって現地土壌のナトリウム濃度は不十分であり，その結果窒素の吸収が抑制され，生育が低下したと考えた。窒素は植物にとって最も重要な養分であり，畑状

4.3 植物の好塩性

写真 4.12 メキシコ・南バハカリフォルニア州ラパスの北西部生物学研究センターの塩類土壌で旺盛に生育するフダンソウ（撮影：藤山英保）

写真 4.13 メキシコ・南バハカリフォルニア州ラパスの北西部生物学研究センターの塩類土壌で旺盛に生育するテーブルビート（撮影：藤山英保）

態では硝酸イオンの形で吸収される。一般的な植物では陰イオンである硝酸イオンの根での取り込みと根から茎葉への移行に行動をともにする陽イオン（カウンター陽イオン）はカリウムとされているからである[84),85)]。そこで，水耕培養液中のカリウムとナトリウムの濃度比に 0：10，5：5，10：0 の 3 段階を設け，好ナトリウム性植物であるテーブルビートとフダンソウと非好ナトリウ

写真 4.14 メキシコ・南バハカリフォルニア州ラパスの北西部生物学研究センターの塩類土壌で生育不良のサリコルニア・ビゲロビ（撮影：藤山英保）

ム性のインゲンの硝酸イオンの吸収を比較した。硝酸イオン取り込み量は，インゲンではナトリウムが 10 でカリウムが 0 の区（10：0）で最も少なかったのに対してテーブルビートとフダンソウでは 10：0 で最も多かった（**図 4.28**）。このことは好ナトリウム性植物では硝酸イオンのカウンター陽イオンとしてナトリウムが重要な役割を果たしていることを示している[86)]。次に好ナトリウム性植物フダンソウを用いて根から葉への硝酸イオン移行に及ぼすナトリウムの影響を調査した。水耕培養液中のカリウム濃度を 5 mol/m^3 と 50 mol/m^3，ナトリウム濃度を 5 mol/m^3 と 50 mol/m^3 に設定し，根と葉の搾汁中の硝酸イオン濃度を測定した。カリウム処理では 5 mol/m^3，50

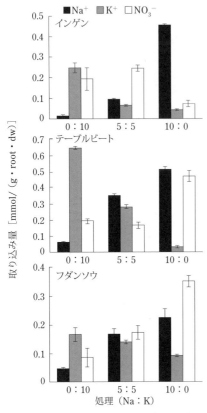

図4.28 インゲン，テーブルビート，フダンソウの根における24時間のNa$^+$，K$^+$，NO$_3^-$取り込み量

mol/m^3 ともに硝酸イオン濃度は根で葉よりもはるかに高かったのに対して，ナトリウム処理は5 mol/m^3，50 mol/m^3 ともに硝酸イオン濃度は茎葉で根よりもはるかに高く（図4.29），ナトリウムが硝酸イオンの根から葉への移行を促進していることが明らかとなった[87]。以上のことから，好塩性植物は硝酸イオンの吸収と移行に積極的にナトリウムを利用していると結論できる。

（4）気孔開閉におけるナトリウムの役割

植物体内でのカリウムの役割としてよく知られているのは気孔開閉への関与である。日中，カリウムが孔辺細胞に流入すると浸透圧（膨圧）が増し，水を取り込むことによって気孔が開き，二酸化炭素を取り込んで光合成を行う。夜間にカリウムが孔辺細胞から流出すると膨圧が低下し，気孔は閉じる。そこで好ナトリウム性植物の気孔開閉におけるナトリウムの役割を検討した。非好ナトリウム性のインゲン，好ナトリウム性のフダンソウ，高好ナトリウム性のサリコルニア・ビゲロビを供試し，気孔が開く明期と閉じる暗期の孔辺細胞におけるナトリウムとカリウムの分布を走査型電子顕微鏡で調査した。非好ナトリウム性のインゲンでは明期に孔辺細胞へのカリウムの集積が見られた（図4.30）。しかし，ナトリウムの集積は見られなかった。暗期にはナトリウムおよびカリウムともに孔辺細胞と表皮細胞間で分布の違いは見られなかった。これらのことはインゲンにおい

4.3 植物の好塩性

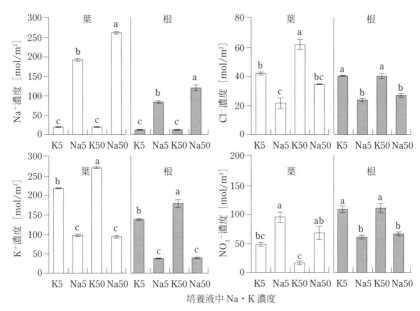

図 4.29 異なる塩処理がフダンソウの葉と根の抽出液中の Na^+，K^+，Cl^- および NO_3^- 濃度に及ぼす影響

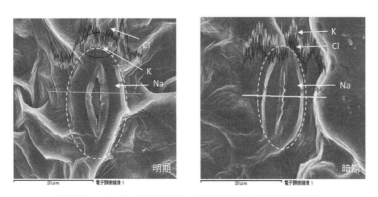

図 4.30 インゲンの孔辺細胞および表皮細胞における元素分布

て，カリウムが気孔開閉に関わっていることを示している。サリコルニア・ビゲロビでは明期にナトリウムが孔辺細胞に集積した（**図 4.31**）。暗期にはナトリウムは孔辺細胞外の表皮細胞に集積し，カリウムは孔辺細胞内外での分布に違いは見られなかった。これらのことはサリコルニア・ビゲロビにお

● 第 4 章 ● 植物の塩応答

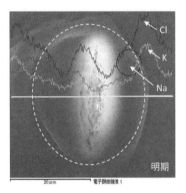
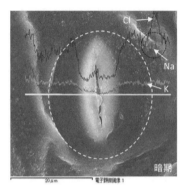

図 4.31 サリコルニア・ビゲロビの孔辺細胞および表皮細胞における元素分布

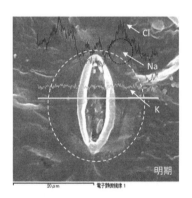
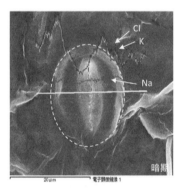

図 4.32 フダンソウの孔辺細胞および表皮細胞における元素分布

いて，ナトリウムの孔辺細胞への流入・流出が気孔の開閉に関わっていることを示している。フダンソウでは明期にナトリウムが孔辺細胞に集積したが（図 4.32），カリウムの集積は見られなかった。暗期にはナトリウムの孔辺細胞内外での分布に違いは見られなかった。フダンソウにおいてもナトリウムが気孔開閉に関わっていることがわかる。それに対して以上のように，好ナトリウム性植物では気孔開閉にナトリウムが関わっていることが示された[88]。

4.3.5 耐塩性と好塩性

これまで植物は中生植物と塩生植物に分類されてきた。塩に対する応答は

両者ともに耐塩性で説明されてきた。耐塩性は成長が低下しはじめる塩濃度と一定の塩濃度上昇に伴う成長の低下で説明されてきた。しかし，筆者は植物を好塩（ナトリウム）性植物と非好塩（ナトリウム）性植物に分類する。好ナトリウム性植物および非好ナトリウム性植物における培地ナトリウム濃度と生育との関係を図4.23を改変して**図4.33**に示した。非好ナトリウム性植物においてはナトリウムの存在によって生育は制限される。生育が低下しはじめるナトリウム濃度は種や品種によって異なる。またナトリウム濃度の上昇に伴う成長の低下にも種間差・品種間差が存在する。しかし，つまりナトリウムの存在がストレスとなることはすべての非好ナトリウム性植物に共通している。一方，好ナトリウム性植物にとってナトリウムフリー条件は生育を悪化させるか，サリコルニア・ビゲロビのような種では生存ができない。最適ナトリウム濃度まで生育は向上し，それ以上では生育は低下する。つまり，低ナトリウム濃度，高ナトリウム濃度ともにストレスである。最適ナトリウム濃度には種間差および品種間差が存在する。また最適ナトリウム濃度に達するまでのナトリウム濃度の上昇に伴う成長の向上と最適ナトリウム濃度を超えたときのナトリウム濃度の上昇に伴う成長低下度合いには種間差と品種間差が存在する。

耐塩性の種間差および品種間差は4.2で述べられたように，塩排除能（根

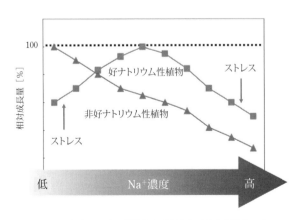

図4.33 好ナトリウム性植物と非好ナトリウム性植物における培地のナトリウム濃度と相対成長量との関係

の細胞と蒸散流への流入阻止，葉から根への輸送と根から外部への排除および液胞への封じ込め[89]，イオンホメオスタシス維持能，必須重金属吸収能，抗酸化酵素活性の上昇，などで説明される。培地の高浸透圧に対する耐性としてはグリシンベタインやプロリンのような適合溶質（Compatible solutes）の合成が認められている。これらの機構はすべて高ナトリウムや高浸透圧に対する対抗策が不必要である低ナトリウムや低浸透圧，つまりストレスがない条件での好塩性植物の生育悪化・生存不可を説明することができない。好ナトリウム性における最適ナトリウム濃度とナトリウム濃度の上昇に伴う成長の向上度合いの種間差および品種間差は硝酸イオンの根での吸収および茎葉への移行におけるナトリウムとカリウムへの依存度，気孔開閉におけるナトリウムとカリウムへの依存度の違いと推察される。そのほかのナトリウムの機能については将来の研究に期待する。好ナトリウム性の概念で植物を分類すると好ナトリウム性植物（Na-loving plants）と非好ナトリウム性植物（Non Na-loving plants）となる。前者にはフダンソウやテーブルビートなどの野菜類に加えてサリコルニア・ビゲロビをはじめとする大部分の塩生植物も含まれると思うが，これも今後の研究に期待する。

　未来の宇宙旅行における閉鎖系での植物栽培は，光合成と蒸散による酸素と食料，水の供給を担う。さらに人間の排泄物中の必須元素のリサイクルにとっても重要である。特に人間が多量に必要とするナトリウムのリサイクルは最も重要である[90]。図4.34はナトリウムリサイクルの考え方である[91]。人間は1日に1.3〜2.1Lの尿を排泄する。そこに含まれる窒素（尿素）は昔から肥料として使われてきた。尿には200〜300 mol/m^{3}のナトリウムが含まれる。尿と植物の非食用部位をバイオリアクターで処理してナトリウムを植物に吸収させ，食用部位中のナトリウムを最終的に人間に戻すという考え方である。この濃度では通常の植物は生存できない。高好塩性のサリコルニア・ビゲロビにとっても生育が低下する濃度である。希釈して植物を育てるとしても通常の植物はナトリウムの根での吸収および茎葉の移行を抑制する。したがって食用部位のナトリウム濃度は低い。

　表4.7に動物性食品と植物性食品のナトリウム含有率とカリウム含有率，およびその比を示した[92]。ただし，ヒトのNa／Kと尿に近いNaCl 200

4.3 植物の好塩性

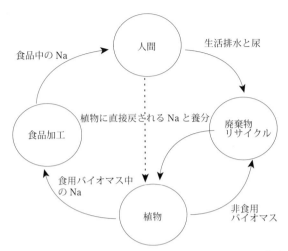

図 4.34 宇宙空間の閉鎖系における人間生活を支えるために栽培される作物におけるナトリウムの流れ

表 4.7 動物性食品と植物性食品のナトリウム，カリウム含量（可食物 100 g 中 mg）

動物性食品	Na	K	Na/K	植物性食品	Na	K	Na/K
ウ　　シ	47	280	0.17	コ　　メ	1	230	0.004
ブ　　タ	53	320	0.17	コ　ム　ギ	2	470	0.004
ニワトリ	44	120	0.37	サツマイモ	23	380	0.061
タ　マ　ゴ	140	130	1.08	ジャガイモ	1	410	0.002
牛　　乳	41	150	0.27	ダ　イ　ズ	1	1,900	0.001
ア　　ジ	130	360	0.36	キュウリ	1	200	0.005
イ　ワ　シ	81	270	0.30	ト　マ　ト	3	210	0.014
サ　　ケ	48	350	0.14	キャベツ	5	200	0.025
コ　　イ	49	340	0.14	カ　　ブ	5	280	0.018
エ　　ビ	300	310	0.97	ブ　ド　ウ	1	130	0.008
カ　　ニ	310	310	1.00	マツタケ	2	410	0.005
イ　　カ	210	300	0.70	ホウレンソウ	3.96	3.98	0.995
タ　　コ	280	290	0.97	サリコルニア・ビゲロビ	9.66	3.12	3.096
ア　ワ　ビ	330	200	1.65	フダンソウ	8.05	4.29	1.876
シ　ジ　ミ	180	83	2.17	テーブルビート	3.91	1.95	2.005
ヒ　　ト			0.59				

サリコルニア・ビゲロビ，フダンソウ，テーブルビートは実験結果から引用
ヒトは Bowen（1966）から引用

mol/m³ で栽培したサリコルニア・ビゲロビ，フダンソウ，テーブルビートを加えてある。植物性食品は動物性食品と比べて Na / K が著しく低いことがわかる。したがって植物性食品だけでヒト体内の Na / K を 0.59 に保つのは困難である。草食動物が塩を求めて移動したり，家畜に塩を与えるのは植物性食品だけでは不足する塩を補うためである。宇宙のような閉鎖系では好ナトリウム性のテーブルビートやフダンソウ，場合によっては高好ナトリウム性のサリコルニア・ビゲロビを栽培し，ナトリウムを効率よく回収して食料とすることを提案する。

《引用文献》

1) Greenway H, Munns R (1980): Mechanisms of salt tolerance in nonhalophytes. Annual Review of Plant biology, 31, pp.149-190.
2) 高橋英一 (2000)：植物における塩害発生の機構と耐塩性，日本土壌肥料学会編，塩類集積土壌と農業，博友社，東京，pp.123-154
3) 仲山英樹・吉田和哉 (2002)：植物の塩・乾燥ストレスに対する適応機構，新名淳彦・吉田和哉監修，植物代謝工学ハンドブック，エヌ・ティー・エス，東京，pp.416-431
4) Lambers H, Chapin III FS, Pons TL (2008): Saline soils: an ever-increasing problem in agriculture. Plant Physiological Ecology, Springer, New York, USA. pp.296-320.
5) Marschner P (2012): Adaptation of plants to adverse chemical and soil composition. Saline soil. Mineral nutrition of higher plants. 3rd ed., Academic press, London. pp.455-301.
6) 菊山宗弘 (1992)：植物細胞における物質の輸送，増田芳雄 編，植物生理学，放送大学教育振興会，東京，pp.38-46
7) 賀来章輔 (1992)：植物における水の重要性と物質の吸収移動，増田芳雄 編，植物生理学（追補），放送大学教育振興会，東京，pp.16-29
8) Yousif BS, Liu LY, Nguyen NT, Masaoka Y, Saneoka H (2010): Comparative studies in salinity tolerance between New Zealand Spinach (*Tetragonia tetragonioides*) and chard (*Beta vulgaris*) to salt stress. Agricultural Journal, 5, pp.19-24.
9) Moghaieb REA, Saneoka H, Ito J, Fujita K (2012): Characterization of salt tolerance in tomato plant in terms of photosynthesis and water relations. Soil Science and Plant Nutrition, 47, pp.377-385.
10) 島崎研一郎 (2004)：青色光反応：気候運動と形態形成，アブシジン酸：種子の成熟と抗ストレスシグナル，L. テイツ・E. ザイガー著，西谷和彦・島崎研一郎監訳，テイツ／ザイガー　植物生理学（第3版）Plant Physiology Third Edition，培風館，東京，pp.409-426，pp.547-566
11) 佐々木治人 (2009)：クロロフィル蛍光を用いた光化学系の解析，日本作物学会紀事，78巻2号，pp.284-288

12) Mehta P, Jajoo A, Mathur S, Bharti S (2010) : Chlorophyll a fluorescence study revealing effects of high salt stress on Photosystem II in wheat leaves. Plant Physiology and Biochemistry, 48, pp.16-20.
13) Moradi F, Ismail (2007) : Responses of photosynthesis, chlorophyll fluorescence and ROS-scavenging systems to salt stress during seedling and reproductive stages in rice. Annals of Botany, 99, pp.1161-1173.
14) Longstreth DJ, Nobel PS (1979) : Salinity effects on leaf anatomy. Plant Physiology, 63, pp.700-703.
15) 間藤 徹・馬 建鋒・藤原 徹 (2010)：植物栄養学（第2版），文永堂出版，東京, 288pp.
16) Lambers H, Chapin III FS, Pons TL (2008) : Nutrients in the soil. Plant Physiological Ecology, Springer, New York, USA, pp.255-284.
17) Dekoum VMS, Ueda A, Saneoka H (2013) : Comparison of growth and mineral accumulation of two solanaceous species, *Solanum scabrum* Mill. (huckleberry) and *S. melongena* L. (eggplant) , under salinity. Soil Science and Plant Nutrition, 59, pp.912-920.
18) Ueda A, Yahagi H, Fujikawa Y, Esaka M, Calcano M, Gonzalez MM, Martich JDH, Saneoka H. (2013) : Comparative physiological analysis of salinity tolerance in rice. Soil Science and Plant Nutrition, 59, pp.896-903.
19) Abd-El BGK, Siefriitz F, Man HM, Weiner H, Kaldenhoff R, Kaiser W M (2000) : Nitrate reductase in *Zea mays* L. under salinity. Plant, Cell and Environment, 23, pp.515-521.
20) Meng S, Su L, Wang Y, Zhang C, Zhao Z (2016) : Nitrate and ammonium contribute to the distinct nitrogen metabolism of *Populus simoni* during moderate salt stress. PLoS One, doi. 10.137/journal.pone.0150354.
21) Bray EA, Bailey-Serres J, Weretilnyk E (2000) : Responses to abiotic stress. *In* Buchanan B, Gruissem W, Jones R (eds) Biochemistry and Molecular Biology of Plants. American Society of Plant Physiologists, New York.
22) 重岡 成・田茂井政宏・吉村和也 (2002)：光・酸素毒耐性植物，新名淳彦・吉田和哉監修，植物代謝工学ハンドブック，エヌ・ティー・エス，東京，pp.450-472
23) Cakmak I, Kirkby EA (2008): Role of magnesium in carbon partitioning and alleviating photooxidative damage. Physiologia Plantarum, 133, pp.692-704.
24) Suwa R, Fujimaki S, Suzui N, Kawachi N, Ishii S, Sakamoto K, Nguyen NT, Saneoka H, Mohapatra PK, Moghaieb RE, Matsuhashi S, Fujta K (2008): Use of positron-emitting tracer imaging system for measuring the effect of salinity on temporal and spatial distribution of C-11 tracer and coupling between source and sink organs. Soil Science and Plant Nutrition, 175, pp.210-216.
25) Elsawy HIA, Mekawy AMM, Elhity MA, Abdel-dayem SM, Abdelaziz MN, Assaha DVM, Ueda A, Saneoka H (2018): Differential responses of two Egyptian barley (*Hordeum vulgare* L.) cultivars to salt stress. Plant Physiology and Biochemistry, 127, pp.425-435.
26) Dassanayake M, Larkin JC (2017): Making plants break a sweet: the structure, function,

and evolution of plant salt glands. Frontiers in Plant Science, 8, 406, doi : 10.3389/fpls.2017.0046.
27) Oh DH, Barkla BJ, Vera-Estrella R, Pantoja O, Lee SY, Bohnert HJ, Dassanayake M (2015) : Cell type-specific responses to salinity - the epidermal bladder cell transcriptome of *Mesembryanthemum crystallinum*. New Phytologist, 207, pp.627-644.
28) Oi T, Miyake H, Taniguchi M (2014): Salt excretion through the cuticle without disintegration of fine structures in the salt glands of Rhodes grass (*Chloris gayana* Kunth). Flora, 209, pp.185-190.
29) Yamamoto A, Hashiguchi M, Akune R, Masumoto T, Muguerza M, A , Saeki Y, Akashi R (2016): The relationship between salt gland density and sodium accumulation/secretion in a wide selection from three *Zoysia* species. Australian Journal of Botany, 64, pp.620-625.
30) Flowers TJ, Flowers SA, Hajibagheri MA, Yeo AR (1990): Salt tolerance in the halophytic wild rice, *Porteresia coarctata* Tateoka. New Phytologist, 114, pp.675-684.
31) Krishnamurthy P, Ranathunge K, Franke R., Prakash HS, Schreiber L, Mathew MK (2009): The role of root apoplastic transport barriers in salt tolerance of rice (*Oryza sativa* L.). Planta, 230, pp.119-134.
32) 小岩尚志（2004）：塩ストレスとイオンホメオタシス，岡穆宏・岡田清孝・篠崎一雄 編，植物の環境と形態形成のクロストーク，シュプリンガー・フェアラーク東京，東京
33) Assaha VMD, Ueda A, Saneoka H, Al-yahyai R, Yasih MW (2017): The role of Na^+ and K^+ transporters in salt stress adaptation glycophytes. Frontiers in Physiology, 8, 509, doi : 10.3389/fphys.2017.00509.
34) Rus A, Yokoi S, Sharkhuu A, Reddy M, Lee BH, Matsumoto TK., Koiwa H, Zhu JK, Bressan RA, Hasegawa PM (2001): AtHKT1 is a salt tolerance determinant that controls Na^+ entry into plant roots. PNAS, 98, pp.14150-14155.
35) Mekawy AMM, Assaha, DVM, Yahagi H, Tada Y, Ueda A, Saneoka H (2015): Growth, physiological adaptation, and gene expression analysis of two Egyptian rice cultivars under salt stress. Plant Physiology and Biochemistry, 87, pp.17-25.
36) Olias R, Eljakaoui Z, Li J, De Morales PA, Marin-Manzano MC, Pardo JM, Belver A (2009): The plasma membrane Na^+/H^+ antiporter SOS1 is essential for salt tolerance in tomato and affects the partitioning of Na^+ between plant organs. Plant, Cell and Environment, 32, pp.904-916.
37) Platten JD, Egdane JA, Ismail AM (2013): Salinity tolerance, Na^+ exclusion and allele mining of *HKT1;5* in *Oryza sativa* and *O.glaberrima*: many sources, many genes, one mechanism? *BMC Plant Biology*, 13:32.
38) Plett D, Safwat G, Gilliham M, Moller IS, Roy S, Shirley N, Jacobs A, Johnson A, Tester M (2010): Improved salinity tolerance of rice through cell type-specific expression of AtHKT1;1. PLoS ONE, 5, 9, e12571, doi : 10.1371/journal. pone. 0012571.
39) Byrt CS, Xu B, Krishnan M, Lightfoot DJ, Athman A, Jacobs AK, Watson-Haigh NS, Plett D, Munns R, Tester M (2014): The Na^+ transporter, TaHKT1;5-D, limits shoot Na^+

accumulation in bread wheat. The Plant Journal, 80, pp.516-526.
40) Li NN, Wang X, Ma BJ, Du C, Zheng LL, Wang YC (2017): Expression of a Na^+/H^+ antiporter *RtNHX1* from a recretohalophyte *Reaumuria trigyna* improved salt tolerance of transgenic *Arabidopsis thaliana*. Journal of Plant Physiology, 218, pp.109-120.
41) Zhang WD, Wang P, Bao ZLT, Ma Q, Duan LJ, Bao AK, Zhang JL, Wang, SM (2017): SOS1, HKT1;5, and NHX1 synergistically modulate Na^+ homeostasis in the halophytic grass *Puccinellia tenuiflora*. Frontiers in Plant Science, 8, 576, doi : 10. 3389/fpls. 2017. 00576.
42) Kumar V, Shriram V, Kishor PBK, Jawali N, Shitole MG (2010): Enhanced proline accumulation and salt stress tolerance of transgenic *indica* rice by over-expressing *P5CSF129A* gene. Plant Biotechnology Report, 4, pp.37-48.
43) Rhodes D., Hanson AD (1993): Quaternary ammonium and tertiary sulfonium compounds in higher plants. Annual Review of Plant Physiology and Plant Molecular Biology, 44, pp.357-358.
44) Hayashi H, Alia, Sakamoto A, Nonaka H, Chen THH, Murata N (1998): Enhanced germination under high-salt conditions of seeds of transgenic *Arabidopsis* with a bacterial gene (*codA*) for choline oxidase. Journal of Plant Research, 111, pp.357-362.
45) Saneoka H, Nagasaka C, Hahn DT, Yang WJ, Premachandra GS, Joly RJ, Rhodes D (1995): Salt tolerance of gylycinebetaine-defficient and glycinebetaine-containing maize lines. Plant Physiology, 107, pp.631-638.
46) Williams B, Njaci I, Moghaddam L, Long H, Dickman MB, Zhang XR, Mundree S (2015): Trehalose accumulation triggers autophagy during plant desiccation. PLOS Genetic, e1005705, doi : 10. 1371/journal. pgen.1005705.
47) Zhifang G, Loescher WH (2003): Expression of a celery mannose 6-phosphate reductase in *Arabidopsis thaliana* enhances salt tolerance and induces biosynthesis of both mannitol and a glucosyl-mannitol dimer. Plant, Cell and Environment, 26, pp.275-283.
48) Paul MJ, Cockburn W (1989): Pinitol, a compatible solute in *Mesembryanthemum-crystallinum* L. Journal of Experimental Botany, 40, pp.1093-1098.
49) Matoh T, Yasuoka S, Ishikawa T, Takahashi E (1988): Potassium requirement of pyruvate kinase extracted from leaves of halophytes. Physiologia Plantarum, 74, pp.675-678.
50) Hong J, Capp MW, Anderson CF, Saecker RM, Felitsky DJ, Anderson, MW, Record MT (2004): Preferential interactions of glycine betaine and of urea with DNA: Implications for DNA hydration and for effects of these solutes on DNA stability. Biochemistry, 43, pp.14744-14758.
51) Stepien P, Klobus G (2005): Antioxidant defense in the leaves of C_3 and C_4 plants under salinity stress. Physiologia Plantarum, 125, pp.31-40.
52) Nagamiya K, Motohashi T, Nakao K, Prodhan SH, Hattori E, Hirose S, Ozawa K, Ohkawa Y, Takebe T, Takebe T, Komamine A (2007): Enhancement of salt tolerance in transgenic rice expressing an *Escherichia coli* catalase gene, *kat*E. Plant Biotechnology

Reports, 1, pp.49-55.
53) Prashanth SR., Sadhasivam V, Parida A. (2008): Over expression of cytosolic copper/zinc superoxide dismutase from a mangrove plant *Avicennia marina* in *indica* Rice var Pusa Basmati-1 confers abiotic stress tolerance. Transgenic Research, 17, pp.281-291.
54) Eltelib HA, Fujikawa Y, Esaka M (2012): Overexpression of the acerola (*Malpighia glabra*) monodehydroascorbate reductase gene in transgenic tobaco plants results in increased ascorbate levels and enhanced tolerance to salt stress. South African Journal of Botany, 78, pp.295-301.
55) Dolatabadian A, Sanavy SAMM, Chashmi NA (2008): The Effects of foliar application of ascorbic acid (Vitamin C) on antioxidant enzymes activities, lipid peroxidation and proline accumulation of Canola (*Brassica napus* L.) under conditions of salt stress. Journal of Agronomy and Crop Science, 194, pp.206-213.
56) Munné - Bosch S (2005): The role of α - tocopherol in plant stress tolerance. Journal of Plant Physiology, 162, pp.743-748.
57) Chen X, Zhang L, Miao X, Hu X, Nan S, Wang J, Fu H (2018): Effect of salt stress on fatty acid and α-tocopherol metabolism in two desert shrub species. Planta, 247, pp.499-511.
58) Yokoi S, Quintero FJ, Cubero B, Ruiz MT, Bressan RA, Hasegawa PM, Pardo JM. (2002): Differential expression and function of *Arabidopsis thaliana* NHX Na^+/H^+ antiporters in the salt stress response. The Plant Journal, 30, pp.529-539.
59) Tounsi S, Feki K, Saïdi MN, Maghrebi S, Brini F, Masmoudi K (2018): Promoter of the *TmHKT1;4-A1* gene of Triticum monococcum directs stress inducible, developmental regulated and organ specific gene expression in transgenic *Arbidopsis thaliana*. World Journal of Microbiology and Biotechnology, 34, p.99.
60) Wei LX, Lv BS, Li XW, Wang MM, Ma HY, Yang HY, Yang RF, Piao ZZ, Wang ZH, Lou JH (2017): Priming of rice (*Oryza sativa* L.) seedlings with abscisic acid enhances seedling survival, plant growth, and grain yield in saline-alkaline paddy fields. Field Crops Research, 203, pp.86-93.
61) Gómez-Cadenas A, Arbona V, Jacas J, Primo-Millo E, Talon M (2003): Abscisic acid reduces leaf abscission and increases salt tolerance in citrus plants. Journal of Plant Growth Regulation, 21, pp.234-240.
62) Amzallag GN (2001): Developmental changes in effect of cytokinin and gibberellin on shoot K^+ and Na^+ accumulation in salt-treated Sorghum plants. Plant Biology, 3, pp.319-325.
63) Sripinyowanich S, Klomsakul P, Boonburapong B, Bangyeekhun T, Asami T, Gu HY, Buaboocha T, Chadchawan S (2013): Exogenous ABA induces salt tolerance in indica rice (*Oryza sativa* L.): The role of *OsP5CS1* and *OsP5CR* gene expression during salt stress. Environmental and Experimental Botany, 86, pp.94-105.
64) De Costaa W., Zörb C., Hartung W., Schubert S (2007): Salt resistance is determined by osmotic adjustment and abscisic acid in newly developed maize hybrids in the first phase of salt stress. Physioloria Plantarum, 131, pp.311-321.

65) Ahanger MA, Alyemeni MN, Wijaya L, Alamri SA, Alam P, Ashraf M, Ahmad P (2018): Potential of exogenously sourced kinetin in protecting *Solanum lycopersicum* from NaCl-induced oxidative stress through up-regulation of the antioxidant system, ascorbate-glutathione cycle and glyoxalase system. PLoS ONE, doi : 10. 1371/journal. pone. 0202175.
66) Tuna AL, Kaya C, Dikilitas M, Higgs D (2008): The combined effects of gibberellic and salinity on some antioxidant enzyme activities, plant growth parameters and nutritional status in maize plants. Environmental and Experimental Botany, 62, pp.1-9.
67) Shabala S, Cuin TA, Pottosin I (2007): Polyamines prevent NaCl-induced K^+ efflux from pea mesophyll by blocking non-selective cation channels. FEBS Letters, 581, pp.1993-1999.
68) Roychoudhurya A, Basub S, Senguptab DN (2011): Amelioration of salinity stress by exogenously applied spermidine or spermine in three varieties of indica rice differing in their level of salt tolerance. Journal of Plant Physiology, 168, pp.317-328.
69) Khoshbakht D, Asgharei (2015): Influence of foliar-applied salicylic acid on growth, gas-exchange characteristics, and chlorophyll fluorescence in citrus under saline conditions. Photosynthetica, 53, pp.410-418.
70) Liu LY, El-Shemy HA, Saneoka H (2017): Effects of 5-aminolevulinic acid on water uptake, ionic toxicity, and antioxidant capacity of Swiss chard (*Beta vulgaris* L.) under sodic-alkaline conditions. Journal of Plant Nutrition and Soil Science, 180, pp.535-543.
71) Maas EV (1984): Salt tolerance of plants. *In* Handbook of Plant Science in Agriculture Vol. 2, CRC Press, Boca Raton FL, pp.57-73.
72) Sairam RK, Tyagi A, Chinnusamy V (2006): Salinity Tolerance: Cellular Mechanisms and Gene Regulation 3rd Edition. Ed. Huang Bingru, *In* Plant-Environment Interactions. Taylor & Francis, Boca Raton New York, pp.132-137.
73) Bowen HJM (1966): Trace Elements in Biochemistry. Academic Press, New York.
74) 北岡建樹（1995）：チャートで学ぶ輸液療法の知識，南山堂，東京
75) 高橋英一（1997）：生命にとって塩とは何か，農文協，東京，pp.47-68
76) Arnon DI, Stout PR (1939): The essentiality of certain elements in minute quantity for plants with special reference to copper. *Plant Physiol.*, 14, pp.371-375.
77) Epstein E (1965): Mineral metabolism. *In* Plant Biochemistry, Ed. J Bonner, JE Varner, Academic Press, New York, pp.438-466.
78) Marschner H (2011): Mineral Nutrition of Higher Plants, 3rd Edition, Academic Press, New York.
79) 森　敏・前　忠彦・米山忠克（2001）：(3) カリウム (K)，VI 植物の生育と栄養システム，植物栄養学，文永堂，東京，pp.133-137
80) 高橋英一・前嶋一宏（1998）：ナトリウムの有用性に関する比較植物栄養学的研究，近畿大学農学部紀要，31号，pp.57-72
81) Kudo N, Sugino T, Oka M, Fujiyama H (2010): Sodium tolerance of plants in relation to ionic balance and the absorption ability of microelements. Soil Science and Plant Nutrition, 56, pp.225-233.

82) Yamada M, Kuroda C., Fujiyama H (2016): Growth promotion by sodium in amaranthaceous plants. Journal of Plant Nutrition, 39, pp.1186-1193.
83) Ohori T., Fujiyama H (2011): Water deficit and abscisic acid production of *Salicornia bigelovii* under salinity stress. Soil Science and Plant Nutrition, 57, pp.566-572.
84) Blevins DG, Barnett NM, Frost WB (1978): Role of potassium and malate in nitrate uptake and translocation by wheat seedling. Plant Physiology, 62, pp.784-788.
85) Rufty TW, Jackson WA, Raper CD (1981): Nitrate reduction in roots as affected by the presence of potassium and by flux of nitrate through the roots. Plant Physiology, 68, pp.605-609.
86) 北川誠子・藤山英保（2014）：好塩性植物の硝酸イオン吸収と移行におけるナトリウムの役割，日本砂丘学会誌，61巻1号，pp.11-16
87) Kaburagi E, Fujiyama H (2015): Sodium, but not potassium, enhances root to leaf nitrate translocation in Swiss chard (*Beta vulgaris* var. *cicla* L.). *Environmental and Experimental Botany*, 112, pp.27-32.
88) 馬場貴志・森川祐実・藤山英保（2015）：好塩性植物におけるNaの役割，日本土壌肥料学会京都大会講演要旨集，第61集，p.80
89) Sairam RK, Tyagi A, Chinnusamy V (2006): Salinity Tolerance: Cellular Mechanisms and Gene Regulation Third Edition. Ed. Huang Bingru, *In* Plant-Environment Interactions. Taylor & Francis, Boca Raton New York, pp.122-123.
90) Stutte GW, Subbarao GV, Yorio NC (2002): Plant Growth and Human Life for Space, In Handbook of Plant and Crop Physiology 2nd Edition. Ed. Pessarakli M., MARCEL DEKKER INC. New York, p.933.
91) Subbarao GV, Wheeler RM, Berry WL, Stutte GW (2002): Sodium: A Functional nutrient in Plants. *In* Handbook of Plant and Crop Physiology Second Edition. Ed. Mohammed Pessarakli, Marcel Dekker, New York, pp.363-384.
92) 文部科学省（2017）：日本食品標準成分表（七訂）追補

第5章
塩類集積の防止と塩類土壌修復

5.1 物理学的手法を用いた防止と修復

5.1.1 土壌面蒸発の抑制

　塩類集積は蒸発によって進行する。これは塩類が不揮発性であるためである。農地からの蒸発のうち，植物体からの蒸発は蒸散と呼ばれ，一般的に土壌面もしくは水面からの蒸発量を上回るが，蒸散は光合成に不可欠であり，これを抑制することは難しい。また，蒸散作用は根による吸水に伴って進むが，一部の好塩性植物以外の多くの植物では土壌水の塩濃度が1%以上になると吸水と蒸散が著しく少なくなる。一方，土壌面蒸発による濃縮作用は土壌面に継続的に灌水や毛管上昇で水が土壌面に供給され，土壌面が湿っている限り際限なく進行する。したがって，点滴灌漑やマルチングや中耕（土壌面付近を浅く平鍬で撹乱する）によって土壌面蒸発を抑制することが重要である。点滴灌漑は高価なため広大な面積での導入は簡単ではない。そこで畝間灌漑において一本おきに通水する交互畝間灌漑（**写真5.1**）[1]や，畝の幅を広げて通常一列植えの畝間に二列植えて湿潤面積を減らす広畝灌漑（**写真5.2～5.4**）[2]などでも慣行法に比べ3割程度蒸発散量を削減できることが明らかとなっている[3,4]。また，コンクリートライニングによって用水路からの漏水を防いだり（**写真5.5～5.7**），サージフロー灌漑（**写真5.8**）[5]などの工夫により地表灌漑における下方浸透損失を最小限に抑えることによって地下水位の上昇を防ぐことも重要である。また，後述するリーチングは下方浸透を通じて根群域から塩分を除去する方法であるため，地下排水が自然

写真 5.1　ウズベキスタンでの交互畝間灌漑法

写真 5.2　広畝灌漑

写真 5.3　広畝灌漑の植え付け

写真 5.4　広畝灌漑の畝立て

写真 5.5　エジプトのコンクリート用水路

写真 5.6　イランのコンクリート用水路

に行われにくい平野部の沖積土壌においては暗渠排水によって地下水位の上昇を防ぐ必要がある。

写真 5.7 エジプトの末端用水路

写真 5.8 ウズベキスタンでの簡易サージフロー灌漑

5.1.2 表面剥離法による除塩

　点滴灌漑や畝間灌漑などの局所灌漑において，灌水位置から離れた場所に形成されやすい塩クラスト（土壌面を覆うように形成された塩の結晶）などはリーチング法によって除去することが困難である。その塩クラストの除去法として，表層の土を剥ぎ取り，土ごと集積した塩分を系外へと排出する表面剥離法が有効である可能性がある。表面剥離法は技術的に容易であり，古代から行われている。塩田も塩分除去ではなく塩の生産という目的の違いはあれ原理は同じである。また，土壌面で濃縮された土壌中の塩分は，雨が降らない限りほとんどが表層に集積し続ける。表面剥離法の研究例は，Endo and Kan[6]による津波による塩害地への適用などがあるものの，極めて限られている。そこで，塩類集積が視認された土壌に対し，安価に入手できる箒を用いて表面剥離法を適用するとともに土壌中の塩分分布を測定し，表面剥離法による除塩量を評価した実験例を紹介する。

　エジプト国イスマイレイヤにおいて，地表点滴灌漑で栽培を行っていたトマト畑とそれに隣接するトウモロコシ畑を実験の対象とした。灌漑水の電気電導度は 2.5 mS/cm であった。

　トマト畑では最終灌漑日から約 2 週間経過した 2009 年 10 月 22 日に 15 cm × 30 cm の範囲 2 か所について表面剥離法を適用した。spot 1 は小箒のみ用い，spot 2 はナイフを用いて表層を破砕後，小箒を用いて土を回収した（写真 5.9）。トウモロコシ畑では最終灌漑日から 2 日経過した 11 月 19 日に

写真 5.9　エジプト・イスマイレイヤでの剥離実験の様子（トマト畑）

写真 5.10　エジプト・イスマイレイヤでの剥離実験の様子（トウモロコシ畑）

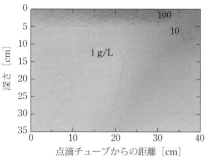

図 5.1　エジプト・イスマイレイヤ県の点滴灌漑トマト畑の体積あたりの土壌塩分布の例

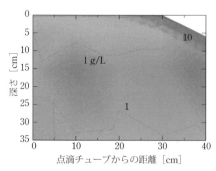

図 5.2　エジプト・イスマイレイヤ県の点滴灌漑トウモロコシ畑の体積あたりの土壌塩分分布の例

40 cm × 150 cm の範囲 1 か所について表面剥離法を適用した（写真 5.10）。最初にデッキブラシ型の柄の長い箒（以下箒 A）を用いて土壌面全体を掃いた後，ブラシ型の箒（以下箒 B）を用いて細かい部分や塩クラストを削るように掃き，それぞれ土を回収した。

トマト畑の土壌単位体積あたりの塩分量を図 5.1 に，トウモロコシ畑のそれを図 5.2 に示す。どちらの畑においても特に塩分量が多くなっているのは点滴チューブから 20 〜 40 cm の表層部分であった。肉眼でもトマト畑，トウモロコシ畑ともにエミッタからやや離れた箇所に円状に白い塩の結晶を確認できた。また，表層 0.5 cm における平均土壌体積あたりの塩分量は，深さ 0.5 cm 以下と比較

して,トマト畑では約15倍,トウモロコシ畑では約10倍であった。点滴チューブからやや離れた部分を重点的に表面剥離法を適用することによって,土壌中に存在する塩分を効率的に除去することができると考えられる。

トマト畑において,spot 1 では土壌面上に多量の塩が析出していた。そのため,小箒のみで容易に塩を除去することができた。spot 2 は spot 1 と比較して土壌面上の塩の析出量は少なく,また表層が固まっていたため,ナイフでの破砕後に箒を用いて表面剥離法を適用した。また,質量含塩比について,spot 1 では 0.22,spot 2 では 0.002 であり,前者のほうが明らかに除塩効率が高い。よって,作業効率と除塩効率の向上には,土壌面上に多量の塩析出が見られる箇所に優先的に表面剥離法を適用すべきであると考えられる。

また,トウモロコシ畑において塩クラストが形成されている箇所のうち,非常に硬くなっている部分が存在した。箒 A で除去することはできず,箒 B で力を込めて削るように掃くことで除去可能であった。箒 B を用いたほうが作業強度は大きいと考えられ,箒のみによる表面剥離法は労力や時間を考慮すると畑全体を行うには非効率的である。硬い表層に表面剥離法を適用する場合には,トマト畑の spot 2 で行ったように,表層を破砕後に表面剥離法を行うことで作業効率が向上するだろう。用いる道具は,広範囲を一度に破砕できる鍬のようなものが望ましいと考えられる。

実際に適用する場合,1 ha の畑で表層 0.5 cm を除去すると約 70 t にもなるため,畑の近くに土を洗浄し,排水を蒸発させる施設が不可欠である。

5.1.3 塩類捕集シートによる除塩

除塩技術の一つとして,塩類捕集シートを用いた方法が安部ら[7]により提案されてきた。これは乾燥地の強力な蒸発力による土壌溶液の毛管上昇を利用し,土壌表面に敷設された捕集布に集積した塩類を系外に除去する除塩方法である。ここでは,塩類捕集シートを用いた除塩法の有用性を現地圃場において評価した実験例を紹介する。

エジプトの Zankalon 村の圃場において実地試験を行った。圃場では畝間灌漑によって生育初期のソラマメが栽培されていた(**写真 5.11**)。畝は南北方向に高さ約 8 cm の台形状に通っており,畝間間隔は約 80 cm であった。

● 第 5 章 ● 塩類集積の防止と塩類土壌修復

写真 5.11 エジプト・Zankalon 村での塩類捕集シートを用いた除塩法

2012 年 12 月 16 日に畝間灌漑が行われ，3 日後の 12 月 19 日に幅 20 cm，長さ 40 cm の黒色木綿布を任意の複数地点の畝上に敷設した。捕集布は掌で 1 cm 程度の沈下が生じる程度の荷重を与えて密着させた。捕集布の回収および採土は敷設後 8 日経過した 12 月 27 日に行った。採土は畝の頂点と頂点から東側に 8 cm の地点で行った。

捕集布の除塩率（除塩量 / 深さ 10 cm までの塩量）を算出したところ 2.3％（1.3 〜 3.0％）で，後藤ら[8] などの既往のカラム実験結果に比べかなり低い値となった。理由としては 1) 実地試験の時期が冬であり，塩類捕集シートを用いた方法にとって重要である蒸発速度が低かったこと，2) 畝の高さが 8 cm と低く毎回の灌漑のたびにリーチングされて土壌中に塩類が少なかったこと，3) 回収した際の土壌水分が高かったため，布に十分移行する前に回収した可能性があること，4) 布の回収 2 日前にごく少量の雨が降ったとの証言があることから，布に移行した塩類の一部がリーチングされたことなどが考えられる。

実際に適用するにあたっては，捕集布を洗濯するのに，3 mm 程度の水が必要である。実用化にあたっては，洗濯排水を蒸発池で析出させるなどして回収した固形塩を工業原料もしくはエネルギー源として有料で回収するような仕組みの整備が望まれる。

5.1.4 リーチングによる除塩

上述の実験結果からも明らかなように，除塩策の基本はやはり，蒸発散量を上回る量の水を与え，下方浸透損失を意図的に生じさせるリーチングであろう。表層剥離法で表層 0.5 cm を除去して得られた 70 t/ha の塩混じりの土の質量含塩比が 0.1 だったとして，除去される塩は 7 t/ha である。捕集布で

5.1 物理学的手法を用いた防止と修復

写真 5.12 ウズベキスタンのリーチング

1 L あたり 1 g の塩を含む表層 10 cm の土壌から 10％の塩分を除去できたとしても除去される塩は 0.1 t/ha である。それに対し，灌漑に伴って搬入される塩は灌漑水の塩濃度が 1 g/L で，年間 500 mm の灌水が行われた場合，5 t/ha に上る。適切に管理された乾燥地の灌漑農地においては，基本的にリーチングのみによってそれだけの量の塩を毎年除去している。**写真 5.12** はウズベキスタンで冬季に行われているリーチングの様子である。

しかしながら，リーチング用水をいつ，どれだけ与えるべきかについての技術指針が十分確立されているとは言い難い。リーチングには一般的に蒸発量の20％程度の水が必要とされているため，これをできる限り節約することは農業用水の節減に大きく寄与しうる。

除塩用水量の算定にあたっては，FAO[9] によってまとめられた主要作物ごとの根群域平均の土壌水の電気伝導度（σ_{sw}）と減収割合の図表（**図 5.3**）をもとに，許容できる減収割合に対応する σ_{sw} になるように簡単な式を用いて決定する方法があり，JICA などの援助機関による改良普及員らへの研修会において広く推奨されている。そのガイドラインでは，蒸発散量 E に次式で与えられるリーチング要求量 L_R を上乗せした水量 I から降水量を引いた値）を与える。

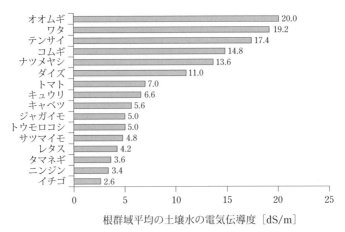

図5.3 主要作物の10％減収時の土壌水の電気伝導度（Ayers and Westcot, 1985）

$$I = \frac{E}{1-L_R} \tag{5.1}$$

$$L_R = \frac{\sigma_i}{\frac{5}{2}\sigma_{sw} - \sigma_i} \tag{5.2}$$

ここで，σ_i：供給水（灌漑水＋雨水）の平均電気伝導度である。しかしながら，式（5.2）は塩分分布の鉛直一次元定常解に基づいており，灌水とは異なり一般に頻繁には行われないリーチングの際の塩分移動の予測に適したものではない。また，鉛直一次元についての解であることから，二次元的に塩が移動する点滴灌漑や畝間灌漑への適用は困難である。さらに，σ_{sw}と減収割合を評価する実験がどのように行われたのかトレースできず，どの程度の信頼性があるのか評価できない。そもそもσ_{sw}は灌水や蒸発散に伴い大きく変動しており，実験的に一定に保つことすら困難である。

改良の方向性としては以下の二つの方法が考えられる。

（1）モニタリングに基づく除塩

土壌水分塩分センサーにより，収量に大きな影響の生じる限界値に達した時点でリーチングを行う。この場合，水量は50 mm程度に固定しておき，リー

チングの回数の多寡により総リーチング水量が決まることになる。浸透ポテンシャルにほぼ比例する土壌水の電気伝導度は水分を用いて計算されるため，水分の測定精度が極めて重要である。ところがすべての水分センサーは，その出力値が土壌塩分の上昇につれて過大になる問題を抱えている。筆者らはこれまで，その問題に取り組み，補正方法を提示してきた。土壌塩分センサーによる非破壊的連続測定を高精度で行うことは今なお難しい課題であるが，概ね実用レベルに達したと評価でき，その効果を検証する時期が到来したといえる。

(2) 土壌塩分輸送シミュレーションモデルを用いた除塩用水量の最適化

対象作物（二毛作の場合は夏作と冬作の組み合わせ）を4年連作したと仮定して，直近の年間の気象データの下で，土壌塩分輸送シミュレーションモデルを用いて4年分の数値シミュレーションを行い，0.2ドル/m^3程度の水価格の下で最も平均の純収入が高くなるリーチング水量を探索し，それを推奨値とする。リーチングのタイミングは，作付け終了時とする。

本方法の実践は，開発途上国の小規模農家には難度が高いものの，灌漑担当者を有する農業企業体には実践可能と思われる。小規模農家に対しては，公営あるいは民営の農業情報会社がシミュレーションを代行して推奨値を伝えるサービスを提供することで適用可能と考えられる。

5.1.5 より効率的なリーチングのために

灌漑農業が展開される多くの農地では粘土含量が高く，灌漑から数週間経過すると大きな亀裂が形成される。そこでナイルデルタ土壌において，亀裂が土壌水分および溶質移動に及ぼす影響を調べた観測例を紹介する。

観測はいずれもデルタ北部カフルシェイク県のエジプト農業研究センターの実験圃場で行った。コムギ栽培下（**写真5.13**）の2013年4月，テンサイ栽培下（**写真5.14**）の2014年4月，水稲栽培下の2014年10月に土壌塩分分布を1:2法により得た。また，2012年の春季に50m間隔の吸水渠から6.25mごとに観測井を設置し，地下水位と電気伝導度（EC）を測定した。また，吸水渠の出口でもECを測定した。

写真5.13 エジプト・カフルシェイクのコムギ畑

写真5.14 エジプト・カフルシェイクのテンサイ畑

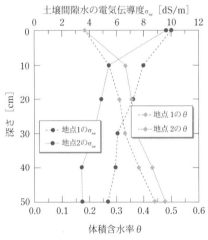

図5.4 エジプト・ナイルデルタにおけるコムギ畑における水分・塩分分布の例（2012/4/18）

その結果，コムギの生育終盤における根群域下部の土壌水のECは4〜6 dS/m程度であった（図5.4）。テンサイおよび水稲のそれはいずれも4 dS/m程度で，湛水条件下にあったにも関わらず，土壌塩分貯留量はほとんど減少していなかった。また，飽和透水係数は1.4 cm/d程度とかなり小さいため，均質土壌を仮定すると理論的には大きな地下水面勾配が予想されるものの，実際には吸水渠からの距離にかかわらずほとんど同期していた。地下水のECは1.7 dS/m程度で，土壌水のそれの半分以下であった。また，吸水渠出口のECは灌漑中に0.7程度まで減少していた。以上の結果は，土壌水分移動のかなりの割合が粗間隙，とりわけ亀裂を通じて行われていることを示している。仮に粗間隙経由の浸透水は微細間隙中の溶質を受け取らず，灌漑水の塩濃度のまま地下水に到達したと仮定すると，およそ6割の灌漑水が粗間隙経由で流れているものと推定される。

灌漑およびリーチングをより効率的に行うため，粗間隙を通じた選択流を防ぐことのできるスプリンクラー灌漑や点滴灌漑の導入が推奨される。作付け期間中に何度もリーチングが行われるような場合，次のような式でリーチング効率 e_L を評価すべきであろう。

$$e_L = \frac{1}{t}\int \frac{EC_i}{q_i c_c} dt \tag{5.3}$$

ここで，t は時間 [h]，E は蒸発散速度 [mm/h]，C_i は供給水（灌漑水＋降水）の平均濃度 [g/L]，q_i は土壌面での液状水フラックス [mm/h]，c_c は最も生育に重要な深さ（一般に 15 cm 程度）における塩濃度 [g/L] である。

5.2 化学的手法を用いた防止と修復

　塩性土壌やソーダ質土壌は，化学性，形態，物理性，および物理化学性質だけではなく地理的な分布にも差異がある。そしてそれぞれの土壌に対しては，作物に対する影響とともにその成因が異なっており，その修復方法も大きく異なる。ここでは土壌の塩性化やソーダ質化の防止と塩類土壌の修復のための化学的手法について解説する。

5.2.1　塩性土壌の改良

　塩性土壌は，5.1 で述べたように低塩類濃度の水で土壌中の塩類を洗脱（リーチング）することにより土壌の生産力を回復させることが可能である。灌漑により，土壌中に含まれている塩類は，溶解度に従ってリーチングされる。つまり，溶解度の高い塩化物などはリーチングされやすいが，ナトリウムを含む塩類が下方に流亡してソーダ質土壌の形成に関与することにもなるため，注意を要する。このように塩性土壌の改良は，何はともあれリーチングを行うことである。そしてリーチングと同時に排水能の改良を必要とする場合もあるが，この場面においては化学的手法を考察する余地はほとんどない。

5.2.2　ソーダ質土壌の改良

　塩性土壌は，比較的低い塩類濃度の水で土壌中の塩類を洗脱することによ

り、土壌の生産力を回復させることが可能である場合が多い。一方ソーダ質土壌は、リーチングによって土壌の物理性が著しく悪化する危険性がある。灌漑水による塩類の洗脱では根本的な改良はできないばかりか、乾燥地域に特有な重炭酸イオン濃度の高い水による過度の灌漑は、かえってソーダ質化やアルカリ性化を助長してしまうことになる。また、条件によっては pH が 8.5 以上を示すようになり、ナトリウム粘土層の緻密な土層の存在によって透水性が著しく低下するため、リーチングによる除塩効果はほとんど期待できない。ここにソーダ質土壌の改良の難しい点がある。したがってソーダ質土壌を改良するためには、ある程度高い塩類濃度を有しナトリウム吸着比（Sodium Adsorption Ratio：SAR）の低い灌漑水を使用するなどの注意をしながら、土壌溶液中のカルシウム濃度を高め、土壌コロイド上のナトリウムをカルシウムと交換する必要がある（図 5.5）。そして、下層土の破砕や深耕により土壌の透水性を高め、排水性を改善することが重要である。また高 pH 環境下においては、不可給化しやすい微量元素が作物へ吸収されるように養分元素のバランスも適正状態に維持するための検討も必要である。

　また、ソーダ質土壌の場合、資材を投入することによって改良効果が現れることが多い。土壌改良材は土壌を耕作する際、作物生育に適した土壌に改良するために投入する資材である。主に土壌の物理的、化学的、生物的性質を改善するために用いられ、土壌の透水性、保水性、保肥力の改善および団粒形成の促進を行うことを目的としている。土壌のソーダ質化の程度などの

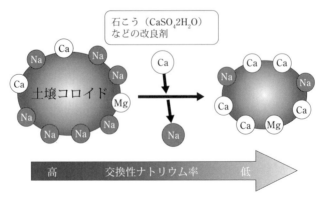

図 5.5　ソーダ質土壌改良の基本的概念

状態を明確にしたうえで、土壌改良材の選定などを心掛ける必要がある。

(1) 石こうの施用

ソーダ質土壌の改良資材としては、一般に石こう（$CaSO_4 \cdot 2H_2O$）が用いられる（**写真 5.15**）。石こうによる土壌改良効果は 1971 年に報告[10]されて以来、これまでに広く用いられている有用な改良材である。その効果としては、石こうに含まれている二価のカルシウムイオンをナトリウム粘土層に徐々に供給し、土壌表面に吸着しているナトリウムイオンをより強い吸着力のあるカルシウムイオンと交換させる。これにより粘土粒子どうしの拡散と分散を減少させ、ナトリウム粘土層を破砕して土壌の排水性と通気性が改善される。これは、土壌コロイド中の交換性ナトリウムとカルシウムの交換により、交換されたナトリウムや土壌中に含まれているナトリウム炭酸塩を中性の硫酸ナトリウムに変化させる。石こう施用による土壌改良は以下のように行われ、可溶な硫酸ナトリウム（Na_2SO_4）を下層にリーチングさせる。具体的には、細かく砕いた石こうを散布して土壌に混合し、化学反応が十分に行われた後にリーチングを行う。その反応は次のとおりである。

$$2Ex\text{-}Na + CaSO_4 \cdot 2H_2O \text{（石こう）} \rightarrow Ex\text{-}Ca + Na_2SO_4 + 2H_2O \quad (5.4)$$

式 (5.4) の反応が進み、可溶性の Na_2SO_4 を下層に洗脱させる。石こうによるこのようなカルシウムイオンの置換は、土壌中で保水性や排水性、通気性、および易耕性が良くなる団粒構造を形成する粘土コロイドによって安定させることにより、徐々に回復させる機能も期待できる。石こうを利用したソーダ質土壌の改良については、これまでにも多くの実証成果が認められている[11]~[20]。例えば、アメリカ・ネバダ州における試験結果によれば[21]、土壌 ESP が 42％であった牧草地に、1 エーカーあたり 18 t の石こう資

写真 5.15 ソーダ質土壌への石こうの施用

材を施用することによって3年間でESPが18%まで減少し,透水性が著しく改善されて牧草収穫量が1エーカーあたり0.05 tから1.02 tまで増加した実証例がある。

ソーダ質土壌を改良するための石こう要求量（Gypsum Requirement: GR）は,おおよそ以下の式で求めることができる[22]。

$$GR = 0.0086 \times F \times D \times \rho b \times CEC \times (ESP_i - ESP_f) \times (100/purity) \quad (5.5)$$

GR ：石こう要求量［Mg/ha］
F ：Ca-Na交換能（ESP_f15のときは1.1, ESP_f5のときは1.3）
D ：改良土層の深さ［m］
ρb ：土壌の仮比重［Mg/m］
CEC ：土壌の陽イオン交換容量［mmolc/kg］
ESP_i ：未改良土壌の当初のESP［%］
ESP_f ：最終目標のESP［%］
$purity$ ：施用する石こうの純度［%］

ジプシック（石こう）層がナトリウム粘土層の直下にあるところでは,深耕を行うことで優占的なナトリウムイオンを置換するのに十分な量のカルシウムを表層に供給することができる。そのことにより,作物栽培のための土壌改良が可能となる。

しかし土壌条件によっては,石こうの溶解によるカルシウム供給のみでは改良効果が発揮しない場合がある。これは,土壌のナトリウム飽和度と土壌溶液の濃度による。特にESPが極めて高い土壌では,石こう施用だけでは土壌の膨潤化を抑えることはできない。また,良質で塩類濃度の低い灌漑水は,土壌の膨潤化を促進させることもある。さらに,石こう施用に伴う表層土におけるナトリウムとカルシウムの交換反応により,下層土へ移動する浸透水中のナトリウムイオン濃度が増加し,下層土におけるESPが上昇する危険性がある。下層土におけるESPの上昇は,土壌の膨潤化と排水性の悪化を引き起こす結果となる。このことを防止するためにはあらかじめ石こう施用試験を行っておく必要がある。また,粉砕した硫黄も,幾分緩慢ではあ

るが効果的である。硫黄は土壌中で酸化された後，水と結合して硫酸を生じる。鉄やアルミニウムの塩のような可溶性の硫酸塩もまた確実な効果を有している。この反応を完結させるためには可溶性のカルシウムの供与が必要である。硫黄の添加によって生じた酸は，もともと土壌中に存在していた炭酸カルシウムを溶解し，可溶性のカルシウムを生じる。これによって有害な交換性ナトリウムはカルシウムに置換され，土壌の物理性は改良される。炭酸カルシウム含有土壌の改良は，カルシウムイオンを溶解させる添加物，例えば硫黄，硫酸，塩酸，パイライト（黄鉄鉱：FeS_2），褐炭および硫安によって行われる。

　このように，カルシウム供給源として利用される改良材は，石こうのほかに塩化カルシウム，脱硫石こう，あるいは比較的溶解度の低い石灰がある。中国では，石炭燃焼で発生する二酸化硫黄を除去するための脱硫剤として石灰を使っている地域もあるが，その際に副次的に生成される脱硫石こうをソーダ質土壌の改良に利用している例もある[23)～35)]。また，石灰は溶解度が低いため，実際上はほとんど改良効果を発揮することができないが，うまく工夫をすれば石灰施用によって ESP をある程度低下させることができる。そのためには，石灰を土壌中に細かく均一に施用することが重要である。また，有機物資材との併用によりその効果を高めることができる。石こうなどによる改良では不十分で困難である場合，塩化カルシウムなどのさらに溶解度が高い塩類を施用せざるを得ない。これはかなり高価な改良法となるが止むを得ない。

　ソーダ質土壌および塩性ソーダ質土壌の改良のためには，塩類を洗脱する前に土壌に吸着しているナトリウムイオンをカルシウムイオンと交換することが必要である。そのためには，土壌にカルシウム塩を施用するか，SAR の低い水でナトリウム塩を洗脱することが効果的である。つまり，灌漑水にカルシウムイオンを添加することである。また，一定の塩および酸の添加も行われており，塩としてはカルシウム塩，特に石こうや過リン酸石灰の適用が広く行われている。

(2) 硫黄の施用

粉砕した硫黄も幾分緩慢ではあるが効果的である。硫黄は土壌中の硫黄バクテリアによって酸化された後，水と結合して硫酸を生じる。

$$2S + 3O_2 + 2H_2O \rightarrow 2H_2SO_4 \tag{5.6}$$

$$H_2SO_4 + 2Ex\text{-}Na \rightarrow 2Ex\text{-}H + Na_2SO_4 \tag{5.7}$$

硫酸鉄や硫酸アルミニウムなどの可溶性の硫酸塩もまた確実な効果を有している。この反応を完結させるためには，可溶性のカルシウムの供与が必要である。土壌中に炭酸カルシウムが存在する場合は，硫黄の添加によって生じた酸が炭酸カルシウムを溶解し，可溶性のカルシウムを生じることが可能である。これによって交換性ナトリウムはカルシウムに置換され，土壌の物理性は改良される。また，土壌中で生成した硫酸は，土壌中に存在する炭酸カルシウムを溶解することも可能である。

(3) 有機質資材の施用

有機物資材は，ソーダ質土壌に対して直接的，あるいは間接的な改良効果を有する。ソーダ質土壌に対する有機物の改良資材としての効果は，後者

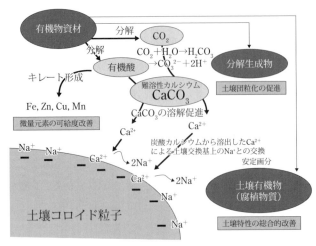

図5.6　有機物資材によるソーダ質土壌の改良

のカルシウム可溶化によるものである。そのメカニズムは以下のとおりである（図 5.6）。
① 有機物が微生物により分解される際，有機酸が生成する。
② 乾燥地土壌には難溶性のカルシウム塩（炭酸カルシウム）が多量に存在している場合が多く，生成した有機酸が炭酸カルシウムを溶解する。
③ その結果，土壌溶液のカルシウム濃度が高められ，改良が進行する。

また，有機物分解によって生成する二酸化炭素から生じる炭酸も酸として機能し，炭酸カルシウムの溶解を促す。炭酸カルシウムは溶解度が低いため，ナトリウムイオンと交換することはほとんどできない。しかしある程度は炭酸カルシウムの施用によってソーダ質土壌を改良することが可能である。それは炭酸カルシウムを細かく均一になるように土壌中に施用し，リーチングを同時に行うことである。このときに，リーチング効果を高めるために堆厩肥や有機質資材を施用すると効果的である。これは有機物の分解による二酸化炭素の生成に伴い，土壌中の二酸化炭素の分圧を高めるためで，炭酸カルシウムの溶解を促進することにより，溶解したカルシウムイオンが交換性ナトリウムと置換し，その結果炭酸カルシウムの溶解をさらに進めるのである。しかし炭酸カルシウムが溶解されても，そのカルシウムイオン濃度はもともと低いためその効率は低い。ソーダ質土壌の改良は，腐植に富む層の厚さと地表近くの炭酸塩に大きく依存しているためである。有機物分解に関与する微生物は多様であるため，ソーダ質化により強アルカリ性化を伴った土壌でも好気的な環境が維持されれば，有機物分解は比較的スムーズに進行するため，カルシウム供給は期待できる。

5.2.3 アルカリ性化を伴ったソーダ質土壌の改良

アルカリ性化を伴っているソーダ質土壌に対しては，上述に加えて，植物が養分吸収後，残存した副成分により土壌が酸性を示す生理的酸性肥料（硫安など）を施用したり，リン酸資材として過リン酸石灰を用いたりして pH を下げる必要がある。

また，硫黄華や希硫酸の施用も効果的である。例えば，土壌 pH を 1 下げるための目安として，砂質土壌（仮比重 1.3）であれば約 42 kg/10 a，埴土

質土壌（仮比重 0.9）であれば約 90 kg/10 a の硫黄華を施用する[36]。その際，施用時に土壌とよく混合することが必要である。しかしこれは目安にしか過ぎず，その効果は土壌種によっても異なるため，あらかじめ施用試験を行っておくとよい。また，硫黄の施用はアルカリ性化を伴っているソーダ質土壌にも有効である。硫黄華は，ソーダ質土壌の修復とともに土壌 pH を低下させることが可能であるが，土壌 pH が低下する反応が遅く，効果が現れるまでに時間を要する。積極的に pH を下げるためには希硫酸の施用は有効であり，灌漑水中に希硫酸を混合させて施用することも有効である。

5.2.4 土壌塩類化の防止と塩類集積土壌の修復

　乾燥地における塩類集積土壌の修復において，化学的手法による場合は改良資材を伴う場合が多い。しかし乾燥地農業に取り組んでいる地域は広く，自然条件は複雑で，土壌塩類の類型やその程度・特徴も異なっており，農業経済状況もまた一様ではない。したがって，その地域に合わせた改良手段を選択する必要があるが，地域または農家によっては改良資材の入手が困難なため，土壌修復が困難な場合が多い。このため，このような地域や農家においては化学的手法とは異なる手法を選択する必要がある。もちろん，これらの修復技術に頼らないためにも土壌塩類化が進行しないよう最大限の努力をする必要がある。

　土壌塩類化の進行を防止するためには，土壌資源と水資源を考慮した農業措置を採用する必要があり，そのうえで肥培や増収の効果を収めなければならない。乾燥地において安定した作物生産を可能にするためには，それぞれの地形や気象などの自然環境との関わりを明確にし，各農地に適した対策を検討するとともに，これらの対策に対しての具体的な指針を提示する必要がある。そのためにも土壌資源の分布，塩類の集積状況などを適切に把握し，その土地とそのときに適した管理を行わなければならない。そしてそれぞれの対策や評価について，灌漑農業を営む地域に共通して，地域を超えた比較や検討が必要である。土壌塩類化対策を行ううえで，各地域の現状や対策に関する知見を統合し，乾燥地で農業生産を長期的視野に立って維持向上させるため，地域に合った有効な対策を見いだすことが重要である。

乾燥地や半乾燥地においては，不適切な灌漑農業による土壌の塩性化・ソーダ質化に起因する土壌劣化が年とともに増加しつつあり，防止および修復対策は農業生産の面からも環境の面からも極めて重要である。いったん生成された塩性土壌やソーダ質土壌を改良するには莫大な量の良質な水，労力およびコストを必要とするため，塩類化の進行した農地は放棄されることが多い。特に，人口圧の高い乾燥地域においてその拡大が顕著で，土地荒廃や砂漠化の要因になっている。乾燥地において安定した作物生産を可能にするためには，それぞれの農地に適した予防と対策を土壌種，作物種について広く詳細に検討するとともに，地形，気象などの自然環境との関わりを明確にし，これらの対策に対しての具体的な指針を提示する必要がある。土壌塩類化は古くて新しい問題であり，古くはメソポタミア文明のころから人類はこの問題と対峙している。土壌塩類化の防止や改良の対策は，まず農地の塩類集積の状態と原因を明らかにすることが重要である。

5.3　植物を用いた防止と修復

　生物による環境修復（Bioremediation）の中で植物による環境修復をファイトレメディエーション（Phytoremediation）と呼ぶ。ファイトレメディエーションの中で有害重金属を吸収し，体内に蓄積させて土壌中から除去することをファイトアキュムレーション（Phytoaccumulation）と呼ぶ（図5.7）[37]。特定の金属を吸収して地上部

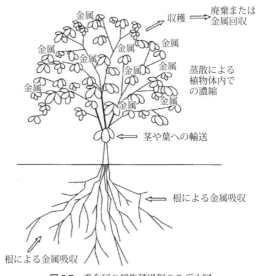

図5.7　重金属の超集積過程のモデル図

に輸送し，体内に高濃度に集積するが生育に影響がない植物を超集積植物（Hyperaccumulator）と呼ぶ．有害金属の場合は地上部を廃棄し，貴金属の場合は回収する．これまでに 440 以上の植物種が見いだされており，その 3/4 がニッケル集積植物である[38]．イタイイタイ病の原因であるカドミウムを集積するミゾソバ，ヒ素を集積する *Jasione montana* などが見いだされている[39]．Watanabe ら[40),41)]は酸性土壌で有害元素であるアルミニウムを高濃度に集積し，アルミニウムによって生育が促進されるメラストーマ（*Melastoma malabathricum* L.）について二つの機構を提唱している．1）植物害であるアルミニウムを無毒化するのに用いられるシュウ酸はアルミニウムがない場合はカルシウムなどの必須陽イオンと結合するためそれらの欠乏がもたらされる場合がある．アルミニウムはシュウ酸とカルシウムなどの結合を抑制するために有益である．2）酸性硫酸塩土壌で優占種であるメラストーマはその土壌に豊富な鉄に対する耐性が弱い．アルミニウムは鉄吸収を抑制するために有益である．好塩性植物はナトリウムを積極的に吸収し，ナトリウムを成長に利用する点で上述の機構と異なるようである．Schmitt ら[42)]によって見いだされたアルミニウムによる *Symplocos paniculata* の若木の生育促進，アルミニウムフリーでの生存不可，葉への積極的なアルミニウム輸送は好ナトリウム性と類似しているように思われる．

　土壌塩類化防止と塩類土壌修復の二つの目的で好塩性植物を用いることができる．耐塩性強の植物と好塩性植物との違いは，前者は塩排除能が強いため，あるいは体内高塩耐性が強いために高塩環境下で生育を維持できるのに対して，後者は塩を積極的に吸収して生育が良好になることである．4.3 で示したように好塩性に関して種間差は大きい．好塩性植物にはフダンソウ，テーブルビートのような野菜も含まれるが，主要作物は存在しない．塩類集積の程度によっては収量に影響を及ぼさない耐塩性強の作物の選択が可能である．例えば耐塩性強のオオムギは土壌溶液の電気伝導度が 8.0 dS/m（海水の 1/6 濃度）までは 100％の収量が期待できるが，耐塩性弱のインゲンは 1.0 dS/m までである．オオムギをソーダ質土壌で 9 週間栽培した実験では茎葉のナトリウム濃度は 80 cmol/kg であった[43)]．同じ条件で栽培した耐塩性中のライムギの 11 倍である．別の研究であるが，類似した条件で栽培したサ

ルコルニア・ビゲロビの地上部のナトリウム濃度は 390 cmol/kg でオオムギの5倍であった[44]。耐塩性強の植物によって土壌中のナトリウムを吸収させ，修復することは可能であるが，その効率はナトリウムを養分として必要とする好ナトリウム性植物にははるかに及ばない。本節では 4.3 で紹介した硝酸イオン吸収に及ぼすナトリウムの影響についての研究を行うきっかけとなったメキシコ北西部生物学研究センター（CIBNOR）圃場の塩類集積土壌におけるフダンソウ，テーブルビートおよびサリコルニア・ビゲロビの栽培実験について述べる。フダンソウとテーブルビートの栽培前後の土壌の pH，EC およびイオン濃度を図 5.8 に示した。栽培前の深さ 0～10，10～20 cm の土壌の pH は 8.5 を上回っていた。EC は 1.1～1.4 であった。これらのことは塩類集積土壌で植物にとって最も劣悪なソーダ質土壌（pH > 8.5, EC < 4）であることを示している。栽培後の土壌の pH はフダンソウ，テーブルビー

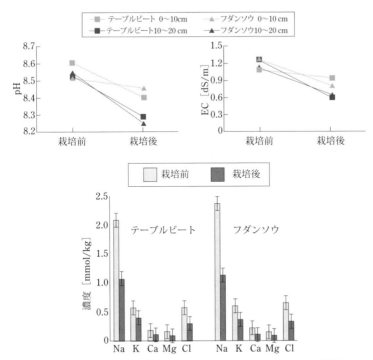

図 5.8　メキシコのソーダ質土壌におけるテーブルビートとフダンソウの栽培前後の土壌の pH，EC および元素濃度の変化

トともに 8.5 を下回っており，ソーダ質土壌の修復ができたことを意味している。両植物種の塩類吸収によって EC も低下した。栽培前の土壌はナトリウムイオンの濃度がほかの陽イオンの合計よりも高かった。ナトリウムイオン濃度が塩化物イオン濃度（Cl^-）よりもはるかに高いことと pH が 8.5 を超えていることから主要陰イオンは炭酸イオン（CO_3^{2-}）や重炭酸イオン（HCO_3^-）と思われる。栽培後の土壌ではテーブルビート，フダンソウともにナトリウムイオンの濃度が大幅に低下し，pH および EC の低下をもたらしたことがわかる。両植物種ともに大変良好な生育を示したことから，この土壌のファイトレメディエーションに最も適していると考えられる。一方，4.3 で述べたようにサリコルニア・ビゲロビはこの土壌でほとんど生育不能であった。高ナトリウムを必要とするサリコルニア・ビゲロビにとってこの土壌のナトリウムは不足していたと思われる。

2.4 で述べたように，黄河下流域の山東省には土壌塩分濃度が高い地域が広範に分布している。耐塩性強のワタが栽培されているが，ワタは塩を吸収しない。そこで好塩性の野菜類を供試して修復の可能性を追求した。なお，ワタは収益が低く，代わる野菜を導入したいとの現地側の要望もあったので行った実験である。現地の塩類土壌で好ナトリウム性植物の栽培が可能であるか，またどれほどのナトリウム吸収能力があるかを 2011 年に黄河口に近い東営市ワタ畑において調査した（**写真 5.16**）。供試作物は好塩性のフダン

写真 5.16 中国・山東省東営における好塩（ナトリウム）性植物栽培実験（中国農業科学院・宗吉青博士指導）（撮影：藤山英保）

写真 5.17 好塩（ナトリウム）性植物栽培実験のフダンソウ（撮影：藤山英保）

5.3 植物を用いた防止と修復

ソウ（**写真 5.17**），テーブルビート（**写真 5.18**），コキア（**写真 5.19**）と現地の塩類集積土壌に自生するスアエダ・サルサ（**写真 5.20**）を用いた。す

写真 5.18　好塩（ナトリウム）性植物栽培実験のテーブルビート（撮影：藤山英保）

写真 5.19　好塩（ナトリウム）性植物栽培実験のコキア（撮影：藤山英保）

写真 5.20　好塩（ナトリウム）性植物栽培実験のスアエダ・サルサ（撮影：藤山英保）

写真 5.21　好塩（ナトリウム）性植物栽培実験のワタ（撮影：藤山英保）

写真 5.22　中国・山東省に自生するスアエダ・サルサを用いた料理（撮影：藤山英保）

写真 5.23 好塩（ナトリウム）性植物栽培実験圃場の電気伝導度測定（鳥取大学・山本定博教授）（撮影：藤山英保）

べてヒユ科である。対照作物としてワタを栽培した（**写真 5.21**）。なお，スアエダ・サルサは現地のレストランや家庭の料理で使用されている（**写真 5.22**）。実験前にワタが発芽できない EC が 16 dS/m であることを現地のワタ畑で確かめてある（**写真 5.23，図 5.9**）。EC が 16 dS/m の土壌の作土にはナトリウムはヘクタールあたり 4 237 kg 含まれている。1 作によってヘクタールあたりに吸収したナトリウムはスアエダ・サルサが 573 kg，コキアが 222 kg，フダンソウ 159 kg，テーブルビートが 132 kg であった（**図 5.10**）。フダンソウとテーブルビートは二毛作が可能であるので年間にそれぞれ 318 kg，264 kg 吸収できる。これらのナトリウム吸収量をもとに Maas（1984）のワタの EC と収量との関係から

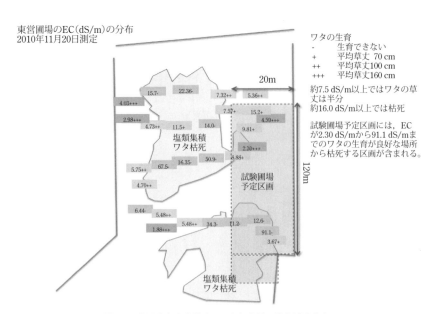

図 5.9　中国山東省東営市のワタ畑土壌の塩分濃度分布

5.3 植物を用いた防止と修復

ワタ収量	その時のEC	各割合のワタ収量を得る土壌ECに修復するまでの年数			
		スアエダ・サルサ	コキア	フダンソウ	テーブルビート
		一毛作	一毛作	二毛作	二毛作
50%	14.0	0.72	1.8	1.3	1.7
75%	8.5	3.8	9.8	6.8	9
100%	3.0	6.8	17	12	16

図 5.10 中国・山東省東営市のワタ畑に栽培したスアエダ・サルサ，コキア，フダンソウ，テーブルビートのナトリウム吸収量と土壌修復に必要な年数（鳥取大学・山田美奈作成）

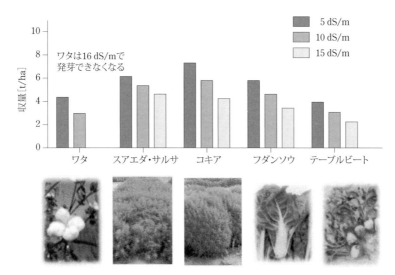

図 5.11 中国・山東省東営市のワタ畑に栽培したワタ，スアエダ・サルサ，コキア，フダンソウ，テーブルビートにおける塩濃度（EC）と収量との関係（鳥取大学・山田美奈作成）

収量50％，75％，100％に実現するのに必要な年数を試算した。スアエダ・サルサが0.72年，3.8年，6.8年，コキアが1.8年，9.8年，17年，フダンソウが1.3年，6.8年，12年，テーブルビートが1.7年，9年，16年となった。ただし，この試算は黄河の水によるナトリウムのインプットをゼロと仮定しているので正しくはないが，修復の可能性を示すことができた。また，どの植物種も旺盛な生育を示したことからワタに代わる野菜類を提案することができた。図5.11に5 dS/m，10 dS/m，15 dS/mの土壌を仮定してワタ，スアエダ・サルサ，フダンソウおよびテーブルビートの収量を試算したものである。すべての植物種でECが上昇するにつれて収量は低下し，15 dS/mではワタは収量がゼロであった。しかし，供試した4種の野菜は収穫が可能である。土壌塩類化の進行が見られる畑地に好塩性野菜を栽培して塩類を吸収させることによって塩類化防止が可能である。

5.4　微生物を用いた防止と修復

　世界には塩類よる何らかの影響を受けている土壌が2億3 100万haあると言われており[45]，全体の20％にあたる4 500万ha以上の灌漑農地が塩による影響を受けている。そして，毎年1 500万haの農地が高塩環境により荒廃している現状にある。こうした状況が今後も続くと，21世紀の中ごろにはおよそ半分の農地が塩類化により失われると言われている[46]。どうしたら塩類化した土壌を修復できるだろうか。本節では生物学的アプローチとして，塩類環境下における菌根菌や根圏細菌，内生菌といった植物と密接に関わる微生物の働きとそれらを利用した塩類土壌の修復技術について紹介する。

5.4.1　菌根菌の生態と塩類土壌修復への利用

　「菌根」とは，菌類が植物根の細胞間隙に侵入して形成する特徴的な構造で，この構造を形成する菌類を「菌根菌」と呼んでいる[47]。この菌根は，菌類の分類群，植物の分類群，菌根の形態的特性などに基づいて七つのタイプに区分されており，乾燥地の農業や緑化に有用なものとして，アーバスキュラー

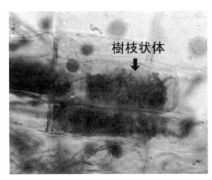
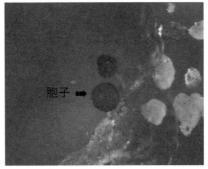

写真 5.24 植物根内でアーバスキュラー菌根（AM）が形成する樹枝状体（左）と胞子（右）。根を脱色，染色した後，細胞を顕微鏡で拡大して観察（右写真提供：土井安寿）

菌根（arbuscular mycorrhiza：AM）と外生菌根（ectomycorrhiza：EcM）が挙げられる。

　AMの特徴的な構造は，AM菌が植物細胞内に形成する樹枝状体と呼ばれる構造である（**写真 5.24**）。AM菌は糸状に伸びる菌糸を菌根から土壌中に伸ばすが，菌糸は非常に細いため，AM菌の存在を肉眼で観察することは難しく，顕微鏡での観察が不可欠である。分類群としては，AM菌はグロムス菌門に属している（近年，ケカビ亜門という報告もある）。AM菌の分類に精通したSchußler博士のウェブサイト（http://www.amf-phylogeny.com/amphylo_species.html）では約316種（2018年5月時点）が確認されているが，今後，さまざまな生息地における調査を進めることで，348〜1600種が存在するのではないかという見積もりもある[48]。また，AM菌はキノコを形成しないが，胞子を形成する。一方で，EcM菌の特徴的な構造は，植物の細胞間隙に菌糸が網目状に入り込むハルテッヒネット，そして根を菌糸が覆い込む菌鞘と呼ばれる構造である。根端を菌糸が覆い込むため，発達した菌根は肉眼でも識別することができる（**写真 5.25**）。このEcM菌の分類群は担子菌門，子嚢菌門，および接合菌門に属し，2万以上の種が存在する[49]。EcM菌の中にはキノコを形成するものが含まれており，マツタケやトリュフなどの高級キノコもこの仲間である。

　この菌根共生を営むことで，植物は菌根菌が土壌中から集めてきた水，窒素，リンなどの養水分を受け取ることができる（**図 5.12**）。一方で，菌根菌

● 第 5 章 ● 塩類集積の防止と塩類土壌修復

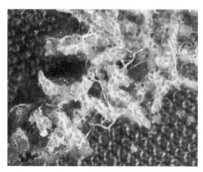

写真 5.25 クロマツの外生菌根（左）とそのキノコ（右）。EcM 菌が根を覆っているため、肉眼でも感染が確認できる

図 5.12 アーバスキュラー菌根共生の模式図（左）と耐塩性向上に関わるメカニズム（右）。A：樹枝状体、V：嚢状体、N：窒素、P：リン、K：カリウム、Ca：カルシウム。Ruiz-Lozano et al.（2012）を参考に作成

は植物が光合成によって獲得した炭水化物を受け取るため、植物と菌根菌の共生関係は一般的に相利共生にある。植物への菌根共生の効果としては、先に触れた養水分吸収の促進に加えて植物の生存や成長の改善、そして耐乾性、耐塩性、耐病性などのストレス耐性の向上も認められる。また、菌根菌が植物から受け取る光合成産物量は純生産量の 10 〜 30％と見積もられている[50]。この炭水化物の一部は菌根菌を介して土壌中に供給されるため、土壌微生物の活性や土壌形成（土壌団粒の発達）にも貢献している。この土壌団粒形成は、土壌の水分保持能力を高めることで、結果として植物の耐乾性向上につながっている。また、先に AM 菌は 300 種以上、そして EcM 菌は 2 万種以上が存在することに触れたが、菌根菌の生態的特性や機能は菌の種類によっ

て異なるため，菌根菌の感染の程度に加えてその種類や種多様性（機能的多様性にもつながる）も菌根菌の機能を考えるうえで重要となる。

次に，AM菌とEcM菌が共生する宿主植物であるが，AM菌は陸上植物の72％と共生している[51]。AM共生は，最初の陸上植物が出現したといわれる4億7千万年前から2千万年後の，4億5千万年以上前には始まっていたと考えられており，多くの陸上植物はこの共生を維持したまま進化してきたと考えられる。一方で，EcM菌は1億年ほど前にAM菌と共生していたマツ科植物の根に腐生菌が侵入したのが初めと考えられており，陸上植物のわずか2％としか共生しないが，このわずかな宿主植物にマツ科，ブナ科，カバノキ科，フタバガキ科，ナンキョクブナ科，ユーカリなどの，森林面積として大きく，かつ経済的にも重要な樹種が含まれている。また，どの菌根も形成しない陸上植物が存在し，これは全体の8％にあたる。この非菌根植物は，進化の過程で菌根共生をやめた植物であり，長い根毛や高い有機酸（シュウ酸など）の分泌能力を持ち，富栄養な場所などに特化した植物が含まれる。この形質は，AM菌が提供するリン吸収を補うものであり，このような形質を発達させることで菌根菌を必要としなくなったものと考えられる。また，この非菌根植物とAM植物の中間的な，長い根毛を持ち，わずかにアーバスキュラー菌根を形成する非菌根—AM植物も存在し，これが陸上植物の約7％を占める。このタイプの植物は乾燥地や塩類集積地でもよく認められる。

では，塩類集積地における菌根共生についてであるが，EcM菌の報告はAM菌と比べると限られている。耐塩性に優れた宿主植物がEcMでは少ないためと考えられるが，ヤナギ，ハンノキ，カバノキで報告がある。ポーランドの塩性湿地での調査では，根圏土壌のECは0.5〜5.0 dS/mであり，外生菌根菌の感染率は9〜34％と低めであった。筆者らのアブラマツ（*Pinus tabulaeformis*）を用いた実験では，ナトリウム濃度の増加によって菌根形成が低下することが確認されており[52]，高い塩濃度は菌根形成の阻害につながる。しかしながら，耐塩性に優れ，かつ植物とストレス環境下でも共生を維持できる菌も存在する。ポーランドの塩性湿地で生育するヤナギ（*Salix caprea*, *S. alba*）やオウシュウシラカンバ（*Betula pendula*）では *Tomentella*

属菌，*Hebeloma* 属菌，*Geopora* 属菌，*Helotiales* sp.[53]，ポーランドの塩沼近くのヨーロッパハンノキ（*Alnus glutinosa*）では *Tomentella* 属菌，*Lactarius* 属菌，*Phialocephala* 属菌[54]，中国のアルカリ―塩性土壌で生育するのヤナギ（*S. linearistipularis*）の例では，*Inocybe* 属菌，*Hebeloma* 属菌，*Tomentella* 属菌，*Geopora* 属菌[55] が優占しており，塩類環境では，*Tomentella* 属菌，*Geopora* 属菌，*Hebeloma* 属菌が重要な EcM 菌と考えられる。また，EcM 菌のナトリウム耐性を調べた調査では，ヒダハタケ（*Paxillus involutus*）は海水と同程度の 500 mol/m^3 でも成長し[56]，ヌメリイグチ（*Suillus luteus*）とウラベニイロガワリ（*Boletus luridus*）では 800 mol/m^3 でもナトリウムを含まない場合と同程度の成長を示した[57]。日本の海岸マツ林で認められるコツブタケ（*Pisolithus tinctorius*），ショウロ（*Rhizopogon rubescens*），チチアワタケ（*Suillus granulatus*）も高い耐塩性を有しており[58),59]，これらの EcM 菌は塩濃度が高い場所への植栽に有用であるかもしれない。

　AM 菌については，塩沼や内陸性の塩類集積地で生育するさまざまな植物の感染状況や菌根群集を調査した研究が報告されている。中生植物（Glycophytes）では塩濃度の上昇に伴って菌根菌の感染が低下する傾向が認められている[60]。一方，塩生植物（Halophytes）では非菌根，あるいは非菌根― AM 植物が多い。塩類集積地でよく認められる *Salicornia* 属や *Suaeda* 属などのヒユ科（以前のアカザ科）植物は AM 菌と共生しないと言われており，菌糸が観察されたとしても樹枝状体は観察されない[61]。しかしながら，環境条件によってはヒユ科のアッケシソウ（*Salicornia europaea*）でも樹枝状体が観察された例もあり[62]，植物の成長期[63]，そして土壌が乾燥している条件下では菌根形成が促進されるようである[62]。これらの植物への AM 菌の効果は不明であるが，大きな効果はないと思われる。タマリスク（*Tamarix* spp.）は塩類集積地の環境修復に用いられる代表的な塩生植物の一つであるが，これは非菌根― AM 植物であり，その菌根形成は樹種や環境条件によって大きく異なる。筆者らがアメリカの塩類集積地（EC 1.2 ～ 14.4 dS/m）における *T. ramosissima* の菌根形成について調べたところ，土壌塩分濃度が非常に高い場所では菌根形成がほとんど認められなかった（**写真 5.26**）[64]。また，*T. ramosissima* に AM 菌を接種しても成長促進効果は認

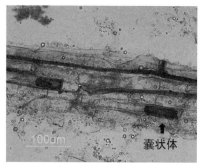

写真 5.26 アメリカ・カリフォルニア州のソルトン湖畔で生育するタマリスク（左），および根に形成された AM 菌の嚢状体（右）。塩類集積地では嚢状態を形成しても樹枝状体を形成しないケースも多い

められず[65]，タマリスクの菌根菌への依存性は低いと思われる。このような菌根菌依存性は植物への AM 菌利用を考える際に非常に重要である。この一方で，キク科，イネ科，オオバコ科には典型的な樹枝状体を形成する AM 菌性の塩生植物が存在する。オランダの塩沼では，EC が 5.5 ～ 7.1 dS/m の土壌で生育するキク科のハマシオン（*Aster tripolium*）と土壌 EC が 7.7 ～ 15.9 dS/m で生育するイネ科の *Puccinellia* 属植物において，樹枝状体の感染率が 9 ～ 83 %，および 0 ～ 17 % であった[66]。また，キク科植物では *Artemisia* 属や *Asteriscus* 属でも高い塩条件下での菌根形成が報告されており[67,68]，キク科植物には耐塩性に優れた AM 植物が存在する。また，キク科植物の *Asteriscus maritimeus* への AM 菌接種実験では，高塩条件下で光合成速度，地上部成長，生存率の低下が抑えられ[67]，このような植物は AM 菌を用いた塩類集積地の環境修復に利用可能であると考えられる。

　以上のように，塩類集積地でも菌根共生を営んでいる植物も存在するが，次は AM 菌による植物の塩耐性向上メカニズムについて述べたい。まず，先に述べた AM 菌による養水分吸収の促進効果は塩ストレス条件下でも認められる[69]。加えて，通水性向上と浸透圧調節物質の蓄積，Na/K 比の維持，地上部へのナトリウム蓄積の低下，抗酸化作用の強化といったメカニズムによって，耐塩性向上を実現している[70]（図 5.12）。根の通水性の改善については，植物の細胞膜に局在して，水を選択的に透過させるアクアポリンの制御に菌根菌が関与していることがわかっている[71]。浸透圧調節物質である

プロリンについては，菌根菌接種による一貫した結果が得られていない。しかしながら，ベタインはその蓄積が菌根菌の感染によって増加し，これがタンパク質化合物とその構造や酵素活性の安定化につながり，塩ストレスによるダメージから膜構造を保護していると考えられる。イオン恒常性については，菌根菌は地上部組織へのナトリウムの輸送を防ぎ，カリウムの吸収を促進することで，低いNa/K比を維持し，細胞内の酵素反応やタンパク質合成の阻害を防いでいる。このメカニズムとして，菌根菌は浸透圧調節に有効なカリウム，カルシウムなどの元素を取り込み，ナトリウムの吸収を避けていることが報告されている[72]。また，抗酸化作用については，抗酸化酵素であるスーパーオキシドディスムターゼ（SOD），カタラーゼ（CAT），グルタチオンレダクターゼ（GR），ペルオキシダーゼ（POX），そして抗酸化化合物であるアスコルビン酸やグルタチオンの活性をAM菌が向上させていることが報告されている。また，光合成能力を維持することも一つのメカニズムであり，菌根菌による塩分条件下での植物の水利用効率の増加や光合成活性の改善（光化学系IIの維持）が報告されている。興味深いことに，この光合成活性の改善は，塩処理条件などのストレス条件下でのみ認められる現象であり，菌根菌がストレス条件下で植物に重要であることを示唆している。

　菌根菌を用いた塩類集積地の環境修復や農業に関する報告は限られているが，乾燥地の環境修復にはAM菌とEcM菌の両方で研究が行われている。特にヨーロッパでは包括的に菌根菌利用に関する研究が行われており，砂漠化が進行した乾燥地の環境修復についても，対象の生態系に適応的な微生物の探索と接種源の生産，在来微生物を接種した在来植物苗の生産，微生物接種苗の移植技術の確立によって，植物による被覆と土壌微生物を発達させ，土壌構造と機能を取り戻そうとするアプローチが提案されている（図5.13）[73]。チュニジアやスペインなどの地中海沿岸の半乾燥地では，菌根菌を接種した在来の灌木苗の植栽試験が行われており，成長促進，生存率の向上，そして鉄欠乏による黄白化の改善などが認められている[74]。菌根菌を利用するための接種源としては，日本を含む先進国の企業が生物肥料として菌根菌資材を販売している。しかしながら，その生産は北アメリカをはじめ

5.4 微生物を用いた防止と修復

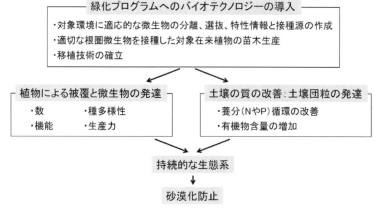

図 5.13 持続的な生態系と砂漠化防止のための根圏微生物利用のアプローチ。Jefferies et al.（2003）をもとに作成

とした欧米諸国が中心であり，インドを除くアジア・アフリカ地域ではほとんど生産されていない。また，高価であるため，貧しい人々が暮らす乾燥地域の塩類集積地での利用はあまり現実的ではない。この代替法として，EcM菌については集めてきたキノコに含まれる胞子を懸濁液として，これに根を浸漬させた苗を植える方法や苗畑に直接，胞子を散布して接種を行う方法がある。また，より安価で簡易的な方法として，目的とする樹木が生育する林分の表層土壌を採取し，この土壌に含まれる菌根菌を土壌ごと接種する方法がある。非常に簡単な方法であるが，我々が中国のクブチ砂漠で行った試験では，菌根形成と樹木の成長促進効果が得られている（**写真 5.27**）。このような方法は，苗畑で苗木に菌根菌を接種する場合には少ない接種源で行うことができるため，耐乾性や耐塩性に優れた灌木，そして木本の園芸作物を用いた緑化や環境修復に有効である。

農業への菌根菌利用についてはAM菌の胞子が用いられるが，すでに土着の菌が存在する場所では菌根菌の接種効果が得られない事例も多い。したがって，土着の菌が存在する場所では，施肥量，農薬の種類，耕起方法，および作付け体系などを改善することでAM菌が定着しやすい環境を整備し，環境への負荷の少ない持続的な農業を実現しようとする試みも見られる。こ

写真 5.27 中国・クブチ砂漠での菌根菌土壌接種試験（左：菌根菌なし，右：菌根菌あり）。成長差が大きい個体の比較写真であるが，菌根菌土壌接種処理区の全体重量は平均値でも非接種区の 2 倍強であった

のような菌根菌利用は化学肥料を減らし，土壌の化学汚染の軽減にもつながる。一方で，土壌劣化や厳しいストレスによって土壌中に存在する AM 菌が限られた場所では，積極的に AM 菌を接種することで顕著な効果が期待できる。筆者らがスーダンの天水栽培地で行った調査では，アルカリ土壌（pH 8.6, EC 0.35 dS/m）で育てているソルガムには菌根菌がほとんど存在せず，このような場所への菌根菌利用は大きな効果を発揮する可能性がある。しかしながら，接種する菌根菌の環境への適応性や植物種との相性によって，思うような効果が得られない場合もある。したがって，塩類集積地で菌根菌を利用するためには，塩類土壌に適応的な菌根菌の探索，植物の菌根形成のしやすさ，選抜した菌根菌と利用する植物の相性を確認することが非常に重要である。

5.4.2　根圏細菌の生態と塩類土壌修復への利用

根圏とは根の分泌物など根からの影響がある領域のことをいい，そこに生息する細菌を根圏細菌という。根圏では非根圏と比べて微生物の養分となる根分泌物が多いことから，植物根と何らかの影響を授受している微生物コ

ミュニティーが多いと言われている[75]。非根圏と比べて豊富に存在する根圏細菌の中には，植物の生育を刺激する細菌が存在し，植物生育促進根圏細菌（Plant growth promoting rhizobacteria：PGPR）と呼ばれる。PGPRには，インドール3-酢酸（IAA）や1-aminocyclopropane-1-carboxylate（ACC）デアミナーゼといった植物ホルモン様物質の生産や制御により根を直接刺激するもの，シデロフォアや有機酸などを分泌し，鉄やリン酸の吸収を改善するもの，窒素固定能を有するものなどがある。また，植物病原菌が存在する場合に病原菌を抑制することで植物の成長を保護する場合もPGPRの間接的な影響として含まれる。さて，こうしたPGPRは塩類ストレス環境下でも存在し，その機能を発揮するのだろうか。こうしたPGPRの利用方法について，筆者がトルコ共和国で実施した研究も含めて紹介する。

　トルコ共和国は内陸部が半乾燥地帯に属することから塩類集積による土壌劣化への懸念が強く，Kendirliら[76]によると，およそ150万haの土地がすでに塩類土壌化している。筆者が調査対象としたNallihan地区は首都アンカラから西に160kmほど離れた場所に位置する（**写真5.28**）。この地域も年間降水量が300mm程度と少なく半乾燥地帯に属している。また本地域の土壌は，pH（H_2O）9.3，EC 1.46 dS/m，ナトリウム（Na）濃度3500 mg/kgに加えて，炭酸カルシウムも40％以上と高いことからアルカリソーダ質土壌に分類される。本地域はトルコ固有種である植物 *Salsola grandis* の群生地帯でも知られている。*S. grandis* は**写真5.29**に示すように多肉性の葉を付

写真 5.28 トルコの首都アンカラから西に160kmほどに位置するNallihan地区の *Salsora grandis* の群生地帯

● 第 5 章 ● 塩類集積の防止と塩類土壌修復

写真 5.29 発芽して 2 か月程度の *S. grandis*（左）と採取した種子（右）

図 5.14 *Salsola grandis* 吸塩能力の検討。塩類土壌を用いた *S. grandis* とコムギのポット栽培を実施した。栽培後に乾燥重量（左），根および葉茎の Na 濃度（右）を測定した

ける1年生の植物である。これまで *S. grandis* に塩吸収能力があるかは不明だった。しかし，筆者らの研究から *S. grandis* は Na を土壌から吸収し，葉に蓄えることが明らかとなった（図 5.14）。この *S. grandis* の根圏細菌を分離して耐塩性を調べると，40％が 750 mol/m^3 の Na 濃度に耐性を示し，8％は好塩性を示した。土壌細菌の大部分は Na 濃度が 0 〜 200 mol/m^3 の範囲で増殖可能な非好塩菌とされるが，Hotchkiss[77] の調査結果によると，海水と同程度の Na 濃度（500 mol/m^3）までは十分に増殖可能である場合が多く，500 mol/m^3 を超えた濃度になると細菌の増殖は著しく減少する。こうした結果と比べても，*S. grandis* 根圏には多くの耐塩性細菌が存在しているといえる。これまでに耐塩性を示す根圏細菌は，*Klebsiella* spp.[78),79)]，*Pseudomonas* spp[80)]，*Ochrobactrum* spp.[81)]，*Serratia* spp.[82)]，*Bacillus* spp.[83)] など多数報告されている。そして多くが PGPR 機能を有している。筆者も *S. grandis* の根圏土壌から分離した耐塩性細菌から *Arthrobacter* 属菌と *Bacillus* 属菌が PGPR 機能を有していることを確認した。PGPR 機能を有する *Arthrobacter* 属菌は 7 株選抜できたが，IAA とシデロフォア生産能を有していた[84)]。しかし，菌株間でそれらの能力には差があり，同属菌株であってもより良い菌株を選抜することが重要となる。

PGPR に期待する主な役割として，二つのことが考えられる。一つは PGPR 接種による植物体の耐塩性向上である。そしてもう1つは，植物の Na 吸収向上である。これまでの研究例をみると多くが PGPR の利用によって植物の耐塩性を向上させ，塩ストレス環境下でも栽培を可能にすることを目的としている。例えば，*Achromobacter piechaudii* がトマトの耐塩性を向上させた。これは *A. piechaudii* による ACC デアミナーゼ活性がトマト苗中のエチレン生成を抑制したことでトマトの生育が促進され耐塩性が向上した[85)]。また，*Dietzia natronolimnaea* STR 1 もコムギの耐塩性を向上させたが，これは STR 1 株の接種によりコムギの ABA シグナル，SOS 経路，イオン輸送，抗酸化機構の調節に STR 1 株が関与した複雑な現象だとしている[86)]。さらに一般的に言われている PGPR とは少し異なる応答を示す *Bacillus subtilis* GB 03 株に関する報告もある。GB 03 株が分泌する揮発性物質のうち 25 種類がシロイヌナズナの細胞壁改変や一次代謝，二次代謝，ストレス応答，ホ

ルモン制御などに関与していた[87),88)]。そして，これら揮発性物質はシロイヌナズナの成長を促進すると同時に高親和性カリウムトランスポーター（HKT）遺伝子 *AtHKT 1* の発現を制御した。これによりシロイヌナズナは Na 吸収量が減少し，高塩ストレス環境下でも生育が可能になった[89)]。つまり GB 03 株は揮発性物質を分泌することで植物の遺伝子発現を制御していることを示している。一方，PGPR に期待するもう一つの役割として植物のナトリウム吸収の向上が挙げられる。これは前章で詳細が記されているファイトレメディエーションと関係してくる。つまり塩吸収能力の高い植物に PGPR を利用することで成長を促進させ，塩吸収量を向上させることが目的である。筆者が *S. grandis* で行った研究では，*Arthrobacter* sp. B14 株や同属 A22 株を接種することで *S. grandis* の成長が促進され，塩吸収量が増大していたが，残念ながら非接種区と比べて有意な差は見られなかった。しかし，植物体あたりの塩濃度は変わらないが，PGPR の効果で植物体が大きくなることにより塩吸収量が増大することが示されていることから[90),91)]，*S. grandis* の成長をより促進する PGPR の選抜が重要になってくると考えられる。このように PGPR を利用したファイトレメディエーションの高度化については，重金属の研究例が多く，Na のファイトレメディエーションの高度化についてはまだ研究が少ないのが現状である。しかし，広域に広がる塩類土壌を安価で効果的に修復するにはファイトレメディエーションが重要であり，PGPR の利用は塩吸収量の増強だけに留まらず，修復に時間がかかるという従来のファイトレメディエーションが抱える問題点も PGPR の利用で成長を促進させ，修復時間を短縮することで解決できる。

5.4.3　内生菌の生態と塩類土壌修復への利用

　内生菌とは植物に害を与えることなく植物体内に常在している菌のことをいう。内生菌というと馴染みは薄いが，1970 年代後半から徐々に研究事例が増え，内生菌は植物体内に普遍的と言っていいほど生息していることがわかってきている。しかし，内生菌の生態やその有効利用については未知な部分が多く今後解明すべき分野である。本項では塩類ストレス耐性を示すとされる内生糸状菌 *Piriformospora*（*Serendipita*）*indica*（**写真** 5.30）について

紹介する。

糸状菌 Serendipita indica は1998年にインドで発見され，担子菌として初めて報告された植物内生菌である[92]。本菌はオオムギやコムギ，イネなどさまざまな植物種の根に感染し，インドール-3-酢酸（IAA）など植物ホルモンを分泌することで宿主植物の生育を促進することが明らかとなっている[93]～[95]。また菌根菌と異なり，S. indica は宿主植物と十分な栄養授受を行うためにできるだけ若い根への感染を好むようなことはなく，感染に多少の時間を必要とし，宿主植物の細胞死を誘発することが報告されている[96]。さらに，菌根菌と異なる点として，豊富な養分存在下で顕著に宿主植物であるオオムギの生育を促進させた[97]。このことは，筆者がサニーレタスを用いて行った実験でも同

写真 5.30　培地上で生育した Serendipita indica

写真 5.31　S. indica 接種がサニーレタスの生育に与える影響。左から無処理区（S. indica 無接種，肥料無施用），肥料区（S. indica 無接種，肥料施用），S. indica 区（S. indica 接種，肥料無施用），処理区（S. indica 接種，肥料施用）。栽培期間は播種後35日間，25℃の人工気象室で栽培した

様の傾向が見られ，十分に肥料を施用したほうが，植物体の成長が促進された（写真 5.31）。さて，S. indica の耐塩性はどうかというと，S. indica を感染させたオオムギに 300 mol/m^3 の Na 濃度で灌水し栽培すると，S. indica 非感染オオムギよりもオオムギが生育し，ある程度の耐塩性を獲得した[98]。これは，S. indica の感染によりオオムギ中の抗酸化システムが上方に制御されたことが耐塩性獲得につながったと報告している[99]。つまり，S. indica 自身の耐塩性に関する報告は探した限り見当たらなかったが，S. indica を感染させることで宿主植物の耐塩性が向上すると推察される。また，本項では

S. indica の紹介に留まったが，*S. indica* 以外にも耐塩性を有する内生糸状菌として，*Penicillium* spp., *Aspergillus* spp., *Fusarium* spp. でも報告がある[100],[101]。こうした宿主植物に耐塩性を付与する内生糸状菌や菌自身が耐塩性を有する内生糸状菌は存在するが，内生菌自身の耐塩性も内生菌感染による宿主植物体の耐塩性向上についても研究例が少なく，今後さらに調査や研究を進める必要がある。

　乾燥地の国，中でもとりわけアフリカ諸国を訪問すると，根粒菌をはじめとした微生物の農業利用に着目している研究者が多く，実際に応用につなげたいという相談を多く受ける。筆者らの印象では，経済的な状況から不適切な灌漑を続けてしまうことが塩類集積の原因の一つであるため，塩類集積が問題化してきた土地のファイトレメディエーション期間中の経済的な収入減少を抑えることが現地での塩類集積を予防するうえで重要である。このバックアップ技術として，塩類をよく吸収する植物と収入源となる食用植物を同時に交互に植える作付け体系を採り，さらに植物の成長促進や少ない水での生産性の維持を可能にする共生微生物を利用して，灌漑水を減らすことが塩類集積の予防に向けた一つの方針であると思われる。

　菌根菌や根圏微生物は経済上の問題で施肥や農薬を全く使用できない国々でも入手できる資源であり，利用方法によっては低コストで効果的な農業利用が実現できる。しかしながら，生物資材であるがゆえに，気象の年変動や実際に微生物を利用する農地環境に大きく左右されることが多く，利用効果を安定的に得ることが難しいのも事実である。また，適切な微生物と植物を選択することも重要である。本節で紹介した菌根菌（AM菌）については，共生する植物と共生しない植物，そして高い効果が得られる植物と得られない植物があり，用いる植物によってはAM菌が有用でない場合もある。例えば，本節でも取り上げた *Salicornia* 属や *Salsola* 属植物はAM菌共生による効果が薄い一方で，根圏細菌による高い生育促進効果が認められているので，これらの植物を用いたファイトレメディエーションを行う際には，根圏細菌に着目するのが肝要である。また，微生物の選抜については，対象地と類似したストレス環境から見つかった微生物を利用することも重要である。このような過程を経て選抜した植物と単独微生物の利用が第一歩であるが，

マメ科植物における AM 菌と根粒菌の同時接種のように複数の微生物接種が有効な事例もあるため，このような複数種の接種によって，より高い安定した効果を得る技術の開発も今後の重要な課題である。

《引用文献》

1) Brouwer C, Prins K, Kay M, Heibloem M (1985): Irrigation methods Chapter 3. Furrow Irrigation, FAO Irrigation Water Management Training Manual No.5. http://www.fao.org/docrep/s8684e/s8684e04.htm#chapter 3. furrow irrigation
2) Atta YI (2006): A new method for cultivating rice with high potential for water saving. Grid-IPTRID magazine, 25, pp.10-12. (available at ftp.fao.org/agl/iptrid/grid25_e.pdf)
3) Alan RM, Karen S (1994): Surge flow and alternating furrow irrigation of peppermint to conserve water. Central Oregon Agricultural Research Center Annual Report 1993, AES OSU, Special Report, 930, pp.79-87.
4) El-Kilani RMM, Sugita M (2017): Irrigation methods and water requirements in the Nile Delta. In Satoh M, Aboulroos S (eds.) Irrigated Agriculture in Egypt, pp.125-151.
5) Walker WR (1989): Guidelines for designing and evaluating surface irrigation systems. FAO Irrigation and drainage paper, 45 Rev. 7.2 Surge flow.
6) Endo A, Kang DJ (2015): Salt removal from salt-damaged agricultural land using the scraping method combined with natural rainfall in the Tohoku district, Japan. Geoderma Regional, 4, pp.66-72.
7) 安部征雄・仲谷知世・桑畠健也・横田誠司（2000）：蒸発力を利用した新たな集積塩類除去法（Dehydration 法）と地表潅漑方式による Leaching 法との比較研究，沙漠研究，10 巻 2 号，pp.147-156
8) 後藤有右・安部征雄・藤巻晴行（2005）：Dehydration 法における数値モデルの適用可能性の検討，沙漠研究，15 巻 3 号，pp.125-138
9) Ayers RS, Westcot DW (1985): Water quality for agriculture. Irrig. Drain. Pap. no.29, Rev.1. FAO, Rome.
10) Sharma ML (1971): Physical and physico-chemical changes in the profile of sodic soil treated with gypsum. Australian Journal of Soil Research, 9, pp.73-82.
11) Armstrong A, Tanton T (1992): Gypsum application to aggregated saline sodic clay topsoils. Europian Journal of Soil Science, 43, pp.249-260.
12) Ilyas M, Qureshi RH, Qadir MA (1997): Chemical changes in a saline sodic soil after gypsum application and cropping. Soil Technology, 10(3), pp.247-260.
13) Oster JD, Shainberg I, Abrol I (1999): Reclamation of salt-affected soil. Agricultural Drainage. Agronomy Monograph, 38, pp.315-346.
14) Ghafoor A, Gill M, Hassan A, Murtaza G, Qadir M (2001): Gypsum: an economical amendment for amelioration of saline-sodic waters and soils and for improving crop yields. International Journal of Agriculture and Biology, 3(3), pp.266-275.

15) Mace JE, Amrhein C (2001): Leaching and reclamation of a soil irrigated with moderate SAR waters. Soil Science Society of America Journal, 65(1), pp.199-204.
16) Qadir M, Ghafoor A, Murtaza G (2001): Use of saline–sodic waters through phytoremediation of calcareous saline–sodic soils. Agricultural Water Management, 50(3), pp.197-210.
17) Lebron I, Suarez DL, Yoshida T (2002): Gypsum effect on the aggregate size and geometry of three sodic soils under reclamation. Soil Science Society of America Journal, 66(1), pp.92-98.
18) Choudhary OP, Ghuman BS, Bijay S, Thuy N, Buresh RJ (2011): Effects of long term use of sodic water irrigation, amendments and crop residues on soil properties and crop yields in rice-wheat cropping system in a calcareous soil. Field Crops Research, 121(3), pp.363-372.
19) Gharaibeh M, Eltaif N, Shunnar OF (2009): Leaching and reclamation of calcareous saline-sodic soil bymoderately saline and moderate-SAR water using gypsum and calcium chloride. Journal of Plant Nutrition and Soil Science, 172(5), pp.713-719.
20) Gharaibeh M, Eltaif N, Shra' ah S (2010): Reclamation of a calcareous saline sodic soil using phosphoric acid and by product gypsum. Soil Use and Management, 26(2), pp.141-148.
21) Donahue RL (1972): Soils. 3rd ed., Prentice Hall, New Jersey, 597pp.
22) Oster JD, Shainberg I, Abrol IP (1999): Reclamation of salt-affected soils. Agricultural Drainage. Agronomy Monograph, 38, pp.659-691.
23) Mzezewa J, Gotosa J, Nyamwanza B (2003): Characterisation of a sodic soil catena for reclamation and improvement strategies. Geoderma, 113(1-2), pp.161-175.
24) Chun S, Nishiyama M, Matsumoto S (2007): Response of corn growth in salt-affected soils of northeast China to flue-gas desulfurization by-product. Communication in Soil Science and Plant Analysis, 38(5-6), pp.813-825.
25) Sakai Y, Nakano S, Kito H, Sadakata M (2011): Evaluation of changes in SO_2 emissions and economic indicators following the reclamation of alkali soil in China using byproducts of flue gas desulfurization. Journal of Chemical Engineering of Japan, 44(10), pp.735-745.
26) Rhoton FE, McChesney DS (2011): Erodibility of a sodic soil amended with flue gas desulfurization gypsum. Soil Science, 176(4), pp.190-195.
27) Chi CM, Zhao CW, Sun XJ, Wang ZC (2012): Reclamation of saline-sodic soil properties and improvement of rice (*Oriza sativa* L.) growth and yield using desulfurized gypsum in the west of Songnen Plain, northeast China. Geoderma, 187, pp.24-30.
28) Li M, Jiang L, Sun Z, Wang J, Rui Y, Zhong L, Wang Y, Kardol P (2012): Effects of flue gas desulfurization gypsum by-products on microbial biomass and community structure in alkaline-saline soils. Journal of Soils and Sediments, 12(7), pp.1040-1053.
29) Yu HL, Yang PL, Lin H, Ren SM, He X (2014): Effects of sodic soil reclamation using flue gas desulphurization gypsum on soil pore characteristics, bulk density, and saturated

hydraulic conductivity. Soil Science Society of America Journal, 78(4), pp.1201-1213.
30) Li YB, Xu QT, Yan SG (2014): The study of improving saline-alkali soils by means of the application of desulfurization gypsums in Baicheng. Environmental Engineering, 864-7, pp.1219-1225.
31) Mao Y, Li X, Dick WA, Chen L (2016): Remediation of saline-sodic soil with flue gas desulfurization gypsum in a reclaimed tidal flat of southeast China. Journal of Environmental Science, 45, pp.224–232.
32) Nan J, Chen X, Wang X, Lashari MS, Wang Y, Guo Z, Du Z (2016): Effects of applying flue gas desulfurization gypsum and humic acid on soil physicochemical properties and rapeseed yield of a saline-sodic cropland in the eastern coastal area of China. Journal of Soils and Sediments, 16(1), pp.38-50.
33) Nan J, Chen X, Chen C, Lashari MS, Deng J, Du Z (2016): Impact of flue gas desulfurization gypsum and lignite humic acid application on soil organic matter and physical properties of a saline-sodic farmland soil in Eastern China. Journal of Soils and Sediments, 16(9), pp.2175-2185.
34) He K, Li X, Dong L (2018)：The effects of flue gas desulfurization gypsum (FGD gypsum) on P fractions in a coastal Plain soil. Journal of Soils and Sediments, 18(3), pp.804–815.
35) Zhao Y, Wang S, Li Y, Liu J, Zhuo Y, Chen H, Wang J, Xu L, Sun Z (2018)：Extensive reclamation of saline-sodic soils with flue gas desulfurization gypsum on the Songnen Plain, Northeast China. Geoderma, 321, pp.52–60.
36) 静岡県（2014）：静岡県土壌肥料ハンドブック―環境にやさしい持続性の高い農業の推進―，静岡県産業部農山村共生課，395pp.
37) Suthersan SS (2002): Process schematic describing various processes during phytoaccumulation of heavy metals. *In* Natural and Enhanced Remediation Systems
38) Reeves RD (2006): Hyperaccumulation of trace elements by plants. *In* phytoremediation of Metal-Contaminated Soils, Ed., Morel JL, Echevarria G and Goncharova N, NATO Science Series, pp.25-52.
39) 長谷川功（2002）：植物による重金属汚染土壌の浄化―ファイトレメディエーション―，農林水産研究ジャーナル，25巻4号，pp.5-12
40) Watanabe T, Jansen S, Osaki M (2006): Al-Fe inteactions and growth enhancement in Melastoma malabathricum and Miscanthus sinensis dominating acid sulphate soils. *Plant Cell Environ.*, 29, pp.2124-2132.
41) Watanabe T, Misawa S, Hiradate S, Osaki M (2008): Root mucilage enhances aluminum accumulation in Melastoma malabathricum, an aluminium accumulator. *Plant Signal. Behav.*, 3, pp.603-605.
42) Schmitt M, Watanabe T, Jansen S (2016): The effects of aliminium on plant growth in a temperate and deciduous aluminium accumulation species. *AoB PLANTS*, 8, plw065
43) Jumberi A, Yamada M, Yamada S, Fujiyama H (2001): Salt Tolerance of Grain Crops in Relation to Ionic Balance and Ability of Absorb microelements. *Soil Sci. Plant* Nutr., 47,

pp.657-664.
44) Kudo N, Sugino T, Oka M, Fujiyama H (2010): Sodium tolerance of plants in relation to ionic balance and the absorption ability of microelements. *Soil Sci. Plant* Nutr., 56, pp.225-233.
45) FAO (2000): Global Network on Integrated Soil Management for Sustain-Able Use of Salt-Affected Soils. FAO, Rome. http://www.fao.org/ag/agl/agll/spush.
46) Mahajan S, Tuteja N (2005): Cold, salinity and drought stresses: an overview. Archives of Biochemistry and Biophysics, 444, 2, pp.139-158.
47) Smith SE, Read DJ (2008): Mycorrhizal Symbiosis. Academic Press, Amsterdam.
48) Ohsowski BM, Zaitsoff PD, Opik M, Hart MM (2014): Where the wild things are, looking for uncultured Glomeromycota. New Phytologist, 204, pp.171-179.
49) Martin F, Kohler A, Murat C, Veneault-Fourrey C, Hibbett DS (2016): Unearthing the roots of ectomycorrhizal symbioses. Nature Reviews in Microbiology, 14, pp.760-773.
50) Allen MF, Kitajima K (2014): Net primary production of ectomycorrhizas in a California forest. Fungal Ecology, 10, pp.81-90.
51) Brundrett MC, Tedersoo L (2018): Evolutionary history of mycorrhizal symbioses and global host plant diversity. New Phytologist, *in press*.
52) 田中一平・谷口武士・二井一禎・山中典和（2009）：異なる塩ストレス下におけるアブラマツ（*Pinus tabulaeformis* Carr.）苗木の生存及び成長と菌根形成，日本緑化工学会誌，35巻1号，pp.33-38
53) Hrynkiewicz K, Szymanska S, Piernik A, Thiem D (2015): Ectomycorrhizal community structure of *Salix* and *Betula* spp. at a saline site in central Poland in relation to the seasons and soil parameters. Water, Air, & Soil Pollution, 226, 99.
54) Thiem D, Golebiewski M, Hulisz P, Piernik A, Hrynkiewicz K (2018): How does salinity shape bacterial and fungal microbiomes of *Alnus glutinosa* roots? Frontiers in Microbiology, 9, 651.
55) Ishida TA, Nara K, Ma S, Takano T, Liu S (2009): Ectomycorrhizal fungal community in alkaline-saline soil in northeastern China, Mycorrhiza, 19, pp.329-335.
56) Langenfeld-Heyser R, Gao J, Ducic T, Tachd P, Lu CF, Fritz E, Polle A (2007): *Paxillus involutus* mycorrhiza attenuate NaCl-stress responses in the salt-sensitive hybrid poplar *Populus xcanescens*. Mycorrhiza, 17, pp.121-131.
57) Tang M, Sheng M, Chen H, Zhang FF (2009): In vitro salinity resistance of three ectomycorrhizal fungi. Soil Biology and Biochemistry, 41, pp.948-953.
58) Matsuda Y, Sugiyama F, Nakanishi K, Ito S (2006): Effects of sodium chloride on growth of ectomycorrhizal fungal isolates in culture. Mycoscience, 47, pp.212-217.
59) Obase, K, Lee JK, Lee SK, Lee SY, Chun KW (2010): Variation in sodium chloride resistance of *Cenococcum geophilum* and *Suillus granulatus* isolates in liquid culture. Mycobiology, 38, pp.225-228.
60) Aliasgharzadeh N, Rastin SN, Towfighi H, Alizadeh A (2001): Occurrence of arbuscular mycorrhizal fungi in saline soils of the Tabriz Plain of Iran in relation to some physical

and chemical properties of soil. Mycorrhiza, 11, pp.119-122.
61) Landwehr M, Hildebrandt U, Wilde P, Nawrath K, Toth T, Biro B, Bothe H (2002): The arbuscular mycorrhizal fungus *Glomus geosporum* in European saline, sodic and gypsum soils. Mycorrhiza, 12, pp.199-211.
62) Hildebrandt U, Janetta K, Ouziad, F., Renne, B., Nawrath, K, Bothe, H (2001): Arbuscular mycorrhizal colonization of halophytes in Central European salt marshes. Mycorrhiza, 10, pp.175-183.
63) van Duin WE, Rozema J, Ernst WHO (1989): Seasonal and spatial variation in the occurrence of vesicular-arbuscular (VA) mycorrhiza in salt marsh plants. Agriculture, Ecosystems, and Environment, 29, pp.107-110.
64) Taniguchi T, Imada S, Acharya K, Iwanaga F, Yamanaka N (2015): Effect of soil salinity and nutrient levels on the community structure of the root-associated bacteria of the facultative halophyte, *Tamarix ramosissima*, in southwestern United States. Journal of General and Applied Microbiology, 61, pp.193-202.
65) Beauchamp VB, Stromberg JC, Stutz JC (2005): Interactions between *Tamarix ramosissima* (saltcedar), *Populus fremontii* (cottonwood), and mycorrhizal fungi: Effects on seedling growth and plant species coexistence. Plant and Soil, 275, pp.221-231.
66) Wilde P, Manal A, Stodden M, Sieverding E, Hildebrandt U, Bothe H (2009): Biodiversity of arbuscular mycorrhizal fungi in roots and soils of two salt marshes. Environmental Microbiology, 11, pp.1548-1561.
67) Estrada B, Aroca R, Azcón-Aguilar C, Barea JM, Ruiz-Lozano JM (2013): Importance of native arbuscular mycorrhizal inoculation in the halophyte *Asteriscus maritimus* for successful establishment and growth under saline conditions. Plant and Soil, 370, pp.175-185.
68) Sonjak S, Udovič M, Wraber T, Likar M, Regvar M (2009): Diversity of halophytes and identification of arbuscular mycorrhizal fungi colonising their roots in an abandoned and sustained part of Sečovlje salterns. Soil Biology and Biochemistry, 41, pp.1847-1856.
69) Porcel R, Aroca R, Ruiz-Lozano JM (2011): Salinity stress alleviation using arbuscular mycorrhizal fungi. A review, Agronomy for Sustainable Development, 32, pp.181-200.
70) Ruiz-Lozano JM, Porcel R, Azcón C, Aroca R (2012): Regulation by arbuscular mycorrhizae of the integrated physiological response to salinity in plants: new challenges in physiological and molecular studies. Journal of Experimantal Botany, 63, pp.4033-4044.
71) Aroca R, Porcel R, Ruiz-Lozano JM (2007): How does arbuscular mycorrhizal symbiosis regulate root hydraulic properties and plasma membrane aquaporins in *Phaseolus vulgaris* under drought, cold or salinity stresses? New Phytologist, 173, pp.808-816.
72) Hammer EC, Nasr H, Pallon J, Olsson PA, Wallander H (2011): Elemental composition of arbuscular mycorrhizal fungi at high salinity. Mycorrhiza, 21, pp.117-129.
73) Jeffries P, Gianinazzi P, Perotto S, Turnau K, Barea JM (2003): The contribution of arbuscular mycorrhizal fungi in sustainable maintenance of plant health and soil fertility.

Biology and Fertility of Soils, 37, pp.1-16.
74) Lamhamedi MS, Abourouh M, Fortin JA (2009): Technological transfer: the use of ectomycorrhizal fungi in conventional and modern forest tree nurseries in northern Africa, *In* Khasa D, Piché Y, Coughlin AP (eds.), Advances in Mycorrhizal Science and Technology. NRC Research Press, Ottawa, pp.139-152.
75) Berg G, Smalla K, Ahrenholtz I, Harms K, De VJ, Wackernagel W (2009): Plant species and soil type cooperatively shape the structure and function of microbial communities in the rhizosphere. FEMS Microbiol Ecology, 68, pp.1-13.
76) Kendirli B, Cakmak B, Ucar Y (2005): Salinity in the Southeastern Anatolia Project (GAP), Turkey, Issues and Options. *Journal of Irrigation and Drainage Engineering*, 54, pp.115-122.
77) Hotchkiss M (1923): Studies on Salt Action, VI. The Stimulating and Inhibitive Effect of Certain Cations upon Bacterial Growth. Journal of Bacteriology, 8, pp.141-162.
78) Liu W, Wang Q, Hou J, Tu C, Luo Y, Christie P (2016): Whole genome analysis of halotolerant and alkalotolerant plant growth-promoting rhizobacterium Klebsiella sp. D5A. Sci Rep., 24, 6:26710. doi: 10.1038/srep26710.
79) Sharma S, Kulkarni J, Jha B (2016): Halotolerant Rhizobacteria Promote Growth and Enhance Salinity Tolerance in Peanut. Frontiers in Microbiology, 13, https://doi.org/10.3389/fmicb.2016.01600.
80) Shaharoona B, Arshad M, Zahir ZA (2006): Effect of plant growth promoting rhizobacteria containing ACC‐deaminase on maize (Zea mays L.) growth under axenic conditions and on nodulation in mung bean (Vigna radiata L.). Letter in Applied Microbiology, 42, pp.155-159.
81) Arulazhagan P, Vasudevan N (2011): Biodegradation of polycyclic aromatic hydrocarbons by a halotolerant bacterial strain Ochrobactrum sp. VA1. Marine Pollution Bulletin, 62, pp.388-394.
82) Singh RP, Jha PN (2016a): The Multifarious PGPR *Serratia marcescens* CDP-13 Augments Induced Systemic Resistance and Enhanced Salinity Tolerance of Wheat (Triticum aestivum L.). PLoS ONE, 11(6), e0155026. doi:10.1371/journal.pone.0155026
83) Singh RP, Jha PN (2016b): A Halotolerant Bacterium *Bacillus licheniformis* HSW-16 Augments Induced Systemic Tolerance to Salt Stress in Wheat Plant (Triticum aestivum). Frontiers in Plant Science, 7, 1890.
84) Kataoka R, GÜNERI E, Turgay OC, Yaprak AE, Sevilir B, BAŞKÖSE I (2017): Sodium-resistant plant growth-promoting rhizobacteria isolated from a halophyte, *Salsola grandis*, in saline-alkaline soils of Turkey. Eurasian Journal of Soil Science, 6, pp.216-225.
85) Mayak S, Tirosh T, Glick BR (2004): Plant growth-promoting bacteria confer resistance in tomato plants to salt stress. Plant Physiology and Biochemistry, 42, pp.565-572.
86) Bharti N, Pandey SS, Barnawal D, Patel VK, Kalra A (2016): Plant growth promoting rhizobacteria Dietzia natronolimnaea modulates the expression of stress responsive

genes providing protection of wheat from salinity stress. Scientific Reports, 6, Article number: 34768.
87) Farag MA, Ryu CM, Sumner LW, Paré PW (2006): GC–MS SPME profiling of rhizobacterial volatiles reveals prospective inducers of growth promotion and induced systemic resistance in plants. Phytochemistry, 67, pp.2262-2268.
88) Ryu CM, Farag MA, Hu CH, Reddy MS, Wei HX, Paré PW, Kloepper JW (2003): Bacterial volatiles promote growth in Arabidopsis. PNAS, 100, pp.4927-4932.
89) Zhang H, Kim MS, Sun Y, Dowd SE, Shi H, Paré PW (2008): Soil Bacteria Confer Plant Salt Tolerance by Tissue-Specific Regulation of the Sodium Transporter HKT1. Molecular Plant-Microbe Interactions, 21, pp.737-744.
90) Chang P, Gerhardt KE, Huang XD, Yu XM, Glick BR, Gerwing PD, Greenberg BM (2014): Plant growth-promoting bacteria facilitate the growth of barley and oats in salt-impacted soil: implications for phytoremediation of saline soils. International Journal of Phytoremediation, 16(7-12), pp.1133-1147.
91) Gerhardt KE, MacNeill GJ, Gerwing PD, Greenberg BM (2017): Phytoremediation of Salt-Impacted Soils and Use of Plant Growth-Promoting Rhizobacteria (PGPR) to Enhance Phytoremediation. *In* Abid AA, Sarvajeet SG, Ritu GGRL, Lee N (eds.) Phytoremediation Management of Environmental Contaminants, Volume 5, pp.19-51.
92) Varma A, Rexer KH, Hassel A, Kost G, Sarbhoy A, Bisen P, Butehorn B, Franken P (1998): *Piriformospora indica*, gen. et sp. nov., a new root-colonizing fungus. Mycolgia, 90, pp.896-903.
93) Varma A, Verma S, Sudha SN, Bŭtehorn B, Franken P (1999): *Piriformospora indica*, a cultivable plant-growth-promoting root endophyte. Applied and Environmental Microbiology, 65, pp.2741-2744.
94) Sirrenberg A, Göbel C, Grond S, Czempinski N, Ratzinger A, Karlovsky P, Santos P, Feussner I, Pawlowski K (2007): Piriformospora indica affects plant growth by auxin production. Physiologia Plantarum, 131, pp.581-589.
95) Lee YC, Johnson JM, Chien CT, Sun C, Cai D, Lou B, Oelmüller R, Yeh KW (2011): Growth promotion of chinese Cabbage and *Arabidopsis* by *Piriformospora indica* is not stimulated by mycelium-synthesized Auxin. Molecular plant-Microbe Interactions, 24, pp.421-431.
96) Deshmukh S, Huckelhoven R, Schafer P, Imani J, Sharma M, Weiss M, Waller F, Kogel KH (2006): The rootendophytic fungus *Piriformospora indica* requires host cell death for proliferation during mutualistic symbiosis with barley. PNAS, 103, pp.18450-18457.
97) Achatz B, von Rüden S, Andrade D, NeumannJörn E, Pons-Kühnemann J, Kogel KH, Franken P, Waller F (2010): Root colonization by *Piriformospora indica* enhances grain yield in barley under diverse nutrient regimes by accelerating plant development. Plant and Soil, 333, pp.59-70.
98) Waller F, Achatz B, Baltruschat H, Fodor J, Becker K, Fischer M, Heier T, Hückelhoven R, Neumann C, von Wettstein D, Franken P, Kogel KH (2005): The endophytic fungus

Piriformospora indica reprograms barley to salt-stress tolerance, disease resistance, and higher yield. Proceedings of the National Academy of Sciences of the United States of America, 102, pp.13386-13391.
99) Baltruschat H, Fodor J, Harrach BD, Niemczyk E, Barna B, Gullner G, Janeczko A, Kogel KH, Schäfer P, Schwarczinger I, Zuccaro A, Skoczowski A (2008): Salt tolerance of barley induced by the root endophyte *Piriformospora indica* is associated with a strong increase in antioxidants. New Phytologist Journals, 180, pp.501-510.
100) Khan AL, Hamayun M, Kim YH, Kang SM, Lee JH, Lee IJ (2011): Gibberellins producing endophytic Aspergillus fumigatus sp. LH02 influenced endogenous phytohormonal levels, isoflavonoids production and plant growth in salinity stress. Process Biochemistry, 46, pp.440-447.
101) Bilal L, Asaf S, Hamayun M, Gul H, Iqbal A, Ullah I (2018): Plant growth promoting endophytic fungi Asprgillus fumigatus TS1 and Fusarium proliferatum BRL1 produce gibberellins and regulates plant endogenous hormones. Symbiosis, 1, 11.

第6章
持続可能な乾燥地農業のために

　我が国には，日照りに不作なし，という言い伝えがある。イネは水田で栽培するために作物の中で最も多くの灌漑水を必要とするが，灌漑設備が整い，十分な水が供給されれば雨を一滴も必要としない。雨を必要としないのはイネに限ったことではない。必要かつ十分な水を根に供給すれば，果樹も野菜も雨を必要としない。イネが豊作になった年，ナシの糖度が高かった年の新聞に必ず登場する表現は「今年は天候に恵まれて」である。これは晴天が多く，冷夏ではなかったことを意味する。このことからも日射が豊富な乾燥地は農業の適地であるといえる。しかし，乾燥地では必要かつ十分な灌漑がされたとしても湿潤地である我が国ではほとんど経験することがない重大な問題が発生する場合がある。それが塩の問題である。乾燥地農業は塩との戦いといっても過言ではない。塩害を克服しない限り，持続可能な乾燥地農業は成立しないが，砂漠化に至る収奪的な農業が行われているのが現状である。本章では第2章から第5章までに述べたことをもとに持続可能な乾燥地農業を提案する。降雨依存農業を除いて乾燥地で行われている農業は灌漑農業である。適切な灌漑農業は概して収量が高いが，アフリカ大陸には南アフリカを除いて作物収量がヘクタールあたり1トンを超える地域はない（**図6.1**）[1]。作物収量の低い国のほとんどは発展途上国であり，低収量の原因は持続可能な農業が行われていないことによる。

　まず，乾燥地農業の基盤である水について述べる。農業がもたらす砂漠化の第一の原因は水の過剰使用による枯渇化である。世界全体での水使用のおよそ7割が農業である。そのほとんどが灌漑に使用されている。FAO[2]に

● 第 6 章 ● 持続可能な乾燥地農業のために

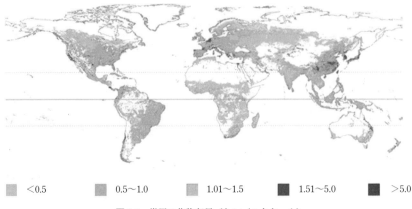

図 6.1　世界の作物収量（トン／ヘクタール）

よると，世界の農地の約 20％の灌漑農地で世界の食料の約 40％が生産されている。このことは乾燥地農業の生産性の高さを示している。一般に乾燥地で農業に利用される水は地下水と湖沼水である。アメリカ中部の地下に分布するオガララ帯水層は世界最大の地下水層で，総面積 45 万 km^2 は日本の国土面積の約 1.2 倍である。トウモロコシ，ダイズ，コムギ，ワタなどの主生産地であるグレートプレーンズの重要な農業用水源である。この地帯は年間降水量が 500 mm に満たない乾燥地であり，帯水層のほとんどが炭酸カルシウムを主成分とする不透水層に覆われ，地表から帯水層への水の流入を減少させているために涵養が乏しい一方，大規模な灌漑農業のために流出量が多く，地下水位は低下を続けている。オガララ帯水層の減少は直接目に触れることはないが，チャド湖やアラル海の縮小は一目瞭然である。周辺諸国による流入河川水を利用した大規模な灌漑が縮小の原因であり，止めることが困難な状況である。

　水の大量使用による環境破壊を防ぐには，まず灌漑水量あたりの作物収量，すなわち水利用効率（Water use efficiency）を上げることが必要である。伝統的な地表灌漑（畦間灌漑，ボーダー灌漑，水盤灌漑）はコストが低く，乾燥地で広く行われてきたが，地下への漏水が激しい。メキシコ・南バハカリフォルニア州では地表灌漑は禁止されているが，野菜栽培に畦間灌漑がまだ

広範に行われている。過剰灌漑は塩濃度の高い水によるウォーターロギング（湛水化）や地下水汚染を引き起こすおそれがある。2.1で紹介したオガララ帯水層を灌漑水源とするグレートプレーンズでは水利用効率がより高いスプリンクラー灌漑の応用であるセンターピボット灌漑が広く行われるようになったが、オガララ帯水層の減少は止まっていない。灌漑効率をこれ以上に上げることができないとすれば、農地面積の制限を考えざるを得ないであろう。チャド湖やアラル海は地表にあるため、その縮小は湿地生態系を破壊するとともに人間生活にも大きな影響を及ぼす。アメリカの大河であるコロラド川は灌漑水や生活用水利用のためにメキシコ側のカリフォルニア湾にはほとんど注がなくなり、河口の大湿地帯は完全に干上がって砂漠化した。カリフォルニア湾（コルテス海）の生態系や漁業などを紹介するテレビ番組は多く、「湾の豊かさをもたらしているのはコロラド川である」といわれるが、2.1で紹介したフーバーダム建設（1931～1936）以前の話である。

　メキシコ南バハカリフォルニア州の小規模農場では節水のため点滴灌漑が導入されている。根の周辺だけに灌漑するものなので、地表灌漑やスプリンクラー灌漑と比較して本来灌漑効率は高い。しかし、筆者が観察してきたメキシコでの点滴灌漑は圃場全体が湿るほどの過剰灌漑が多い。過剰灌漑は世界の乾燥地農業で解決すべき問題であるが、農業従事者の意識を変えるには農業指導者・技術者自身が環境破壊や土壌劣化がもたらす塩害の問題の深刻さを認識する必要がある。

　1.2で紹介したイランの降雨依存農業でのコムギの収量はヘクタールあたり1トンに満たない。しかし、数年間休耕するために連作障害は発生しない。休耕して土壌中に水をためるとはいえ、収量は耕作年の降雨に大きく依存する。降雨が少なく、収穫が見込めない危険性を避けるために肥料も農薬も使用せず塩害も発生しない。収量は低いが、持続可能な乾燥地農業である。しかし、灌漑農業で高収量を維持しながら持続可能な乾燥地農業を目指すのが本書のテーマである。第3章で紹介したように乾燥地農業には土壌塩類化による塩害の危険が常につきまとう。これを克服しなければ持続可能な農業を達成することはできない。第4章と第5章から塩害回避に三つの対策が提案できる。

6.1 節　水

これまでに述べたコロラド川，オガララ帯水層，アラル海，チャド湖の問題はすべて乾燥地農業がもたらしたものである。伝統的な地表灌漑は低コストではあるが，水のロスが非常に大きい。オアシスのように常に水が供給されるところを除けば乾燥地でイネ（水稲）の栽培は止めるべきである。コムギ，オオムギ，トウモロコシなどの穀類を畦間灌漑やボーダー灌漑ではなく，スプリンクラー灌漑やセンターピボット灌漑で栽培するのが望ましい。そのうえで，できるだけ灌漑効率を高める必要がある。果樹栽培に用いられる水盤灌漑も水のロスが大きく，避けるべきであろう。ただし，これらの非効率的灌漑が行われるのは貧困などの社会的背景もあるので，簡単に解決できない。

6.2　土壌の塩類化とソーダ質化の防止

乾燥地農業における灌漑と塩類集積は密接に関連している。乾燥地での灌漑水はしばしば塩類濃度が高い。過剰灌漑は塩の土壌への過剰投入も意味する。作物による塩の吸収量が投入量を下回ると，水の下方移動が少ない乾燥地では塩が表土に集積する。節水によって塩類集積による土壌劣化を防ぐのが第一の対策である。土壌劣化で大きな問題となるのは塩性化とソーダ質化であり，それぞれ塩性土壌とソーダ質土壌が形成される。3.4 で述べたように，塩性土壌は多量の可溶性塩類，特にカルシウム塩とマグネシウム塩に富んだ土壌である。一方，ソーダ質土壌は多量のナトリウムイオンが占有している土壌である。図 6.2 は塩性化（Salinity）とソーダ質化（Sodicity）が植物に及ぼす影響を示している[3]。塩性化が植物に及ぼす影響は土壌溶液の浸透圧が上昇することでもたらされる水吸収阻害である。すなわち水分ストレスである。水吸収阻害は水とともに根に吸収される養分の欠乏ももたらす。しかし Salinity は必ずしも害だけをもたらすものではない。カルシウムやマグネシウムのような必須陽イオンによる成長促進や浸透ストレスが果実の可溶性

6.2 土壌の塩類化とソーダ質化の防止

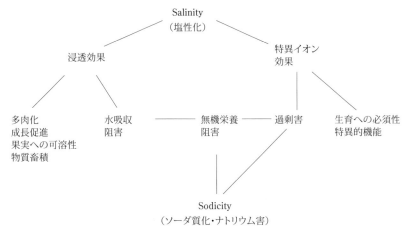

図 6.2 塩性化 (Salinity) とソーダ質化 (Sodicity) が植物に及ぼす影響

物質（糖，有機酸およびアミノ酸）の蓄積をもたらすこともある[4]。

3.5 で述べたように塩性化，ソーダ質化を監視するには土壌診断を常に行うことが最も重要である。土壌が塩性化しているかどうかを判定するには土壌 EC を継続的に測定する必要がある。3.5 で述べたように簡易の EC メータは現場で有効である。塩性化は塩類濃度が高い灌漑水によってもたらされることが多いので，灌漑水量の低減化の必要がある。Salinity に対して，Sodicity，すなわちナトリウムは害をもたらすのみである。ナトリウム自身の直接害である過剰害は樹木のみに現れる。草本植物は害元素であるナトリウムを吸収した場合，茎葉に移動するのを阻止するため，根に蓄積する。茎葉に移動しても次世代である花や実には移動させない。樹木も同様の応答をするが，年を経ると根のナトリウム蓄積部位が導管となってナトリウムが茎葉に移動し，過剰害が発生する。一般的なナトリウム害である図 6.2 の無機栄養阻害は必須陽イオンの吸収抑制による欠乏や土壌の高 pH による必須重金属（鉄，マンガン，亜鉛，銅）の不可給化による欠乏である。3.4 で述べたようにソーダ質土壌では粘土粒子がナトリウムイオンによって飽和され，それがコロイドとなって分散し，強いアルカリ性の硬い土壌となり，透水性が低下する。すなわち化学性に加えて物理性も悪化する。このようにソーダ質化の害は大きい。判断の目安は土壌 pH である。乾燥地では土壌が酸性化

することは少なく，アルカリ性が問題となる。pHが7を超えると上述の障害が発生する。すべての必須元素の可給度が高いのは弱酸性から微酸性である。このpH領域に保つのが持続可能な農業技術である。pHがどの方向に進んでいるかを継続的に調査する必要がある。ナトリウム濃度が高い灌漑水の過剰灌漑はソーダ質化を招く。塩性化の防止と同様に灌漑水量の低減化が必要である。仮にpHが上昇する方向であれば，5.2で述べたpH改良資材を投入する。硫酸アンモニウムのような生理的酸性肥料は有効であるが，pH低下には時間がかかる。短期間にpHを低下させるには希硫酸などの施与が有効である。簡易pHメータはECメータと同様に現場では必須である。

6.3 塩類土壌の修復

6.3.1 物理学的手法を用いた修復

5.1.2で述べたように，塩クラストの除去には表層の土を剥ぎ取る表面剥離法が有効である。また，乾燥地の強い蒸発力による土壌溶液の毛管上昇を利用し，土壌表面に敷設された捕集シートによって塩類を除去する方法も有効である。しかし，除塩策の基本は，蒸発散量を上回る量の水を供給し，下方浸透を生じさせるリーチングである。リーチングには改良すべき点があるが，土壌塩分センサーの利用や土壌塩分輸送シミュレーションモデルを用いた除塩用水量の最適化が行われている。さらに効率の良いリーチングのための改良法について検討されている。

6.3.2 化学的手法を用いた修復

5.2で述べたように，塩が多量に集積した塩性土壌の化学的修復法はない。ソーダ質土壌を修復するには改良資材を投入することが効果的である。石こうの施与は土壌表面に吸着しているナトリウムイオンをカルシウムイオンに交換させることによって土壌の物理性と化学性を改良するのに有効である。有機物資材は微生物に分解されて生じる有機酸が炭酸カルシウムを溶解し，カルシウム濃度の上昇をもたらす間接作用を有する。交換されたナトリウムを除去するためにはリーチングが必要である。

6.3 塩類土壌の修復

アルカリ性化を伴ったソーダ質土壌の改良にはpH低下をもたらす資材が必要である。劇的な効果を有するのは希硫酸の施与である。灌漑水に希硫酸を混合して施与する。一方，効果は穏やかであるが，有効なのは粉砕した硫黄の施与である。硫黄は土壌中で酸化されたのち，水と結合して硫酸となるため，pHの低下をもたらす。硫酸アンモニウムなどの生理的酸性肥料はさらに効果が緩やかであるが有効である。

6.3.3 植物を用いた修復

土壌に塩が集積しても，作物の耐塩性が強く，害が発生しない場合は特に対策を必要としない。図6.3に示したように耐塩性強のオオムギの収量が低下しはじめるECeが8.0 dS/mに対して耐塩性弱のインゲンは1.0 dS/mと大きな開きがある。作物選択が可能であれば，ECeの数値によって作物種を決定する。塩分吸収量の大きい作物種によって塩除去を試みる。ほとんどの作物で収量が低下しはじめる塩濃度と塩濃度上昇に伴う収量低下がわかっているので，ある特定の作物を栽培しなければならない場合，また必ずしも100％の収量が必要ない場合は，どれほどの収量低下を許容できるかを判断する。植物を利用してソーダ質土壌を修復するにはナトリウムを特異的に吸

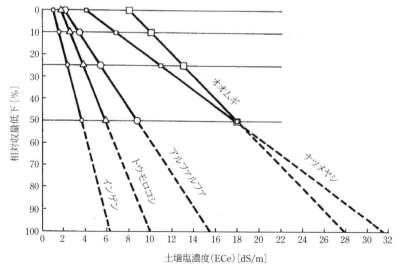

図6.3 二酸化炭素濃度上昇がC_3植物とC_4植物の光合成速度に及ぼす影響

収する好ナトリウム性植物の栽培が有効である。すでに数種が提案されているが，培地の最適ナトリウム濃度には種間差がある。ナトリウム濃度に適した種を選択する必要があるため，塩性土壌の修復と同様に，培地へのナトリウムのインプットと作物によるアウトプットのバランスが問題である。常にナトリウムが供給され，低減化が難しい場合は，最適ナトリウム濃度の高い作物種の単作か，最適ナトリウム濃度が類似した作物種の輪作を勧める。すでに形成されたソーダ質土壌で，ナトリウムの供給が少なく，好ナトリウム性作物の一作でナトリウム濃度を大きく低下させることができる場合は中生植物の栽培を行いながら，適当な時期に好ナトリウム性作物を栽培する体系を構築することが有効である。

6.3.4 微生物を用いた修復

土壌中の水，窒素，リンなどを植物に供給するアーバスキュラー菌根（AM）と外生菌根（EcM）にはそれ自体が強い耐塩性を有する種が見いだされている。作物の耐塩性を向上させる AM 菌で認められている機能は，1) 根の通水性の改善，2) タンパク質化合物の構造や酵素活性の安定化に寄与するベタインの蓄積，3) ナトリウム／カリウムの維持，4) 地上部へのナトリウム移行の抑制，5) スーパーオキシドディスムターゼやカタラーゼなどの抗酸化酵素活性の向上，6) 抗酸化化合物であるアスコルビン酸やグルタチオンの活性の向上，である。根の外部に生存する根圏細菌にはそれ自体が強い耐塩性を有するのみならず，インドール 3 - 酢酸（IAA）などの植物ホルモンを生産する，シデロフォアや有機酸を分泌して植物の鉄やリン酸の吸収を改善する，といった種が存在する。植物体内に存在する内生糸状菌の一種 *Serendipita indica* はオオムギの抗酸化システムを上方に制御することによって耐塩性を向上させた。微生物学的手法による耐塩性向上についての研究は今後大きく発展する余地がある。

6.4 ま と め

FAO[5] によると，乾燥地は 1 分間に 23 ha の土地を乾燥，気候変動，土壌

劣化による砂漠化によって失っており，2 000万トンの穀物生産の低下に相当する。乾燥地には発展途上国が多いことから，近年 FAO は乾燥地養殖を提案している[6]。途上国の住民への動物性タンパク質供給が目的である。養殖による水のロスは少ないので，排水を利用して作物栽培を行い，その排水を再び養殖に用いる。この循環法がアクアポニックスと呼ばれる。しかし，魚が中性からアルカリ性を好むのに対して，作物は酸性を好むので，単なる循環では養殖魚，作物の両方に害をもたらす。pH 調整，養分元素の濃度調整が必要である。4.3 で紹介したサリコルニア・ビゲロビはソーダ質土壌（pH 8.1），テーブルビートは塩性土壌（pH 7.5）で生育が最も良好であることから，好塩性植物は好アルカリ性である可能性が高く，そうであればアクアポニックスに適している。4.3 で紹介した好塩性植物はすべて人間が利用可能な植物である。フダンソウとテーブルビートは一般の野菜であり，サリコルニア・ビゲロビはシー・アスパラガス（Sea asparagus）と呼ばれる食用植物である。コキアは飼料として利用される（**写真 6.1，6.2**）。水の有効利用は世界全体で喫緊の課題である。養殖と作物栽培の組み合わせは単位水量あたりの食料生産を向上させる可能性が大である。

気候変動に関する政府間パネル（IPCC）は産業革命前から 1.5℃上昇した場合の影響について報告し，2030 年から 2052 年にはその 1.5℃に達すると予測している[7]。IPCC は主に海水面上昇や生物多様性について警告しているが，温暖化は農業にも大きな影響を及ぼす。温暖化の主原因の大気中二酸化炭素濃度は産業革命前の 280 ppm から 2016 年には 400 ppm を超えた。二

写真 6.1　コキアのみで飼育されるウシ（メキシコ）。健康状態は良好である（撮影：藤山英保）

写真 6.2　コキアに群がるヤギ（メキシコ）（撮影：藤山英保）

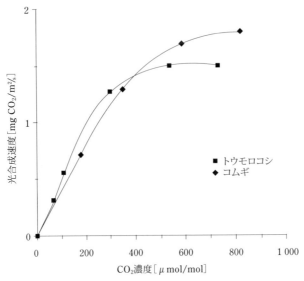

図 6.4　大気中の CO_2 濃度がトウモロコシ（C_4 植物）とコムギ（C_3 植物）の光合成速度に及ぼす影響

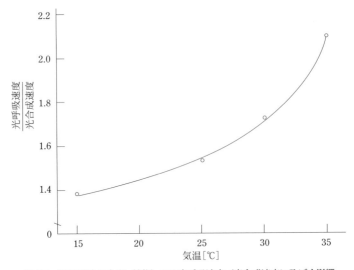

図 6.5　気温がダイズ（C_3 植物）のひ光呼吸速度／光合成速度に及ぼす影響

酸化炭素濃度上昇はトウモロコシなどの C_4 植物に対する恩恵は少ないが，イネやコムギなどの C_3 植物の収量増加をもたらす（図6.4）[8]。ただし，二酸化炭素濃度上昇がもたらす気温上昇は，C_3 植物の特徴である光呼吸（光合成に負に働く）速度の上昇を招くため（図6.5）[9]，必ずしも図6.4どおりにはならないであろう。また IPCC [7] は極端な高温，強い降水現象とともに干ばつと降水不足を予測しており，乾燥地農業のみならず世界の農業に及ぼす影響は大きいと思われる。

　乾燥地農業は現状では持続可能ではなく，収奪的である。農地のみならず，環境破壊をもたらしている。乾燥地農業を持続可能にするために節水とともに塩害回避は避けて通れない問題である。土壌塩類集積は予測可能である。灌漑水の質と量，作物による水と塩の吸収がわかれば，塩の土壌中残存量はある程度わかるし，土壌劣化が進行しているかどうかは土壌診断によって判断できるため，土壌劣化の進行を止めることは可能である。すでに土壌塩類化が進行した土地についても本書で紹介した四つの手法を駆使することによって防止と修復が可能である。

《引用文献》
1) FAOSTAT (2016)：Aggregate crop yield in 2000. Global Agro-Ecological Zones, FAO.
2) FAO (2011)：The state of the world's land and water resources for food and agriculture: managing systems at risk (SOLAW), 285pp.
3) Tanji KK (1996)：Effects of Salinity and Sodicity on Plants. In Agricultural Salinity Assessment and Management, American Society of Civil Engineers.
4) 圓師一文・松添直隆・吉田　敏・筑紫二郎（2005）：水ストレスおよび塩ストレス下で栽培したトマトにおける果実内成分の比較，植物環境工学，17巻3号，pp.128-136
5) FAO (2018)：Land degradation, desertification and drought. Action Against Desertification.
6) FAO (2010)：Aquaculture in desert and arid lands, FAO Technical Workshop, 6-9 July 2010, Hermosillo, Mexico.
7) 気候変動に関する政府間パネル（IPCC）（2018）：1.5℃特別報告書，第6次報告書
8) Akita S, Moss DN (1973)：Phtosynthetic responses to CO_2 and light by maize and wheat leaves adjusted for constant stomatal aperture. Crop Sci., 13, pp.234-237.
9) Laing WA, Ogren WL, Hageman RH: Regulation of soybean Net Photosynthetic CO_2 Fixation by Interaction of CO_2, O_2, and Ribulose 1,5-Diphosphate Carboxylase. Plant Physiol., 54, pp.678-685.

索　引

【数字・欧文】

5-アミノレブリン酸 ……………… 111
adjusted SAR ……………………34
AI（Aridity Index）……………… 1
Bioremediation ………………… 155
C_3 植物 ………………………… 194
C_4 植物 ………………………… 194
CIBNOR ………………………… 157
FAO ………………………………14
Gapon 交換平衡定数………………51
Glycophytes …………………… 113
GS/GOGAT サイクル …………　86
Halophytes ……………………… 113
Hyperaccumulator ……………… 156
IPCC ……………………………… 193
Jasione montana ………………… 156
pHc …………………………………34
Phytoaccumulation …………… 155
Phytoremediation ……………… 155
UNEP ………………………………17

【あ行】

アーバスキュラー菌根………… 162
アーモンド ……………………… 8
アイスプラント …………………93
アクアポニックス ……………… 193

アスコルビン酸ペルオキシダーゼ 106
アタカマ ………………………… 3
アッケシソウ …………………… 115
アブシジン酸………………80, 110
アポプラスト ……………………95
アラビア半島 …………………… 3
アラル海 …………………… 16, 57
アルカリ性土壌 ……………… 37, 49
アルミニウム …………………… 156
暗渠排水 ………………………… 138
イオン交換平衡定数………………51
イオンストレス……………………70
一重項酸素…………………………88
イネ ……………………………… 7
イラン …………………………… 3
インゲン ………………………… 119
インペリアルバレー …………… 7
ウォーターロギング ……………58
畦間灌漑 …………………………19
畝間灌漑 …………………………19
ウリ ……………………………… 5
液胞…………………………………99
液胞膜………………………………97
エミッタ ……………………………22
塩害…………………………………69
塩クラスト ……………………… 139

197

索引

塩生植物 …………………… 45, 70, 92, 113
塩性ソーダ質土壌 ………………………… 36
塩性土壌 …………………… 36, 38, 147
塩素 ………………………………… 117
塩類集積 …………………………………… 69
塩類腺 ……………………………………… 93
塩類土壌 …………………………………… 36
塩類囊 ……………………………………… 93
塩類捕集シート ………………………… 141
オアシス …………………………………… 13
オーストラリア …………………………… 3
オオムギ ………………………………… 23
オカヒジキ ……………………………… 121
オガララ帯水層 …………………………… 11
オレンジ ……………………………… 24, 113

【か行】

外生菌根 ………………………………… 163
過酸化脂質 ………………………………… 90
過酸化水素 ………………………………… 88
過剰症 …………………………………… 118
カタラーゼ ……………………………… 105
活性酸素種 ………………………………… 80
活性酸素消去系酵素 …………………… 106
カドミウム ……………………………… 156
カナート …………………………………… 5
可能蒸発散量 ……………………………… 1
カリウム ………………………………… 116
カリウムイオン ……………………… 95, 96
カリウムチャネル ………………………… 79
カリフォルニア半島 ………………… 3, 59
カルシウム ……………………………… 119

カルシウムチャネル ……………………… 80
カルビン・ベンソン回路 ………………… 88
カレーズ …………………………………… 5
灌漑水 …………………………………… 31
灌漑水源 ………………………………… 11
灌漑農業 ……………………………… 18, 64
灌漑農地 ………………………………… 28
環境ストレス …………………………… 69
間接作用 ………………………………… 118
乾燥地域 …………………………………… 1
乾燥度指数 ………………………………… 1
乾燥半湿潤地域 …………………………… 1
気孔 ………………………………………… 72
気孔開閉 ………………………………… 124
気孔伝導度 ……………………………… 78
気候変動に関する政府間パネル … 193
拮抗作用 ………………………………… 85
キヌア …………………………………… 121
キャベツ ………………………………… 113
吸水力 …………………………………… 71
極乾燥地域 ………………………………… 1
菌根 ……………………………………… 162
菌根共生 ………………………………… 163
菌根菌 …………………………………… 162
グリシンベタイン ……………………… 101
グルタチオンペルオキシダーゼ … 106
グレートプレーンズ …………………… 11
クロロシス ………………………… 49, 84
クロロフィル蛍光 ……………………… 81
血漿 ……………………………………… 117
欠乏症 …………………………………… 118
原形質分離 ……………………………… 72

降雨依存農業……………………22
好塩性………………………113, 116
好塩性機構……………………116
好塩性植物………………………6
光化学系Ⅰ………………………81
光化学系Ⅱ………………………81
交換性ナトリウム比……………51
交換性ナトリウム率……………37
光合成……………………………72
光合成速度………………………77
交互畝間灌漑…………………137
抗酸化剤………………………107
洪水農業…………………………24
黄土高原…………………………61
好ナトリウム性………………118
好ナトリウム性植物…………123
孔辺細胞…………………78, 124
コキア…………………………121
国連環境計画……………………17
コムギ……………………………5
コロラド川………………………13
根圏……………………………170

【さ行】

サージフロー灌漑……………137
サイトカイニン………………110
細胞外液………………………117
細胞内液………………………117
細胞壁……………………………96
細胞膜……………………………97
サクラメントバレー……………8
ザグロス山脈……………………23

砂漠………………………………2
砂漠化……………………………28
サハラ……………………………3
サリコルニア・ビゲロビ……115
サリチル酸……………………111
酸化ストレス……………70, 89
残存炭酸ソーダ量………………32
サンホアキンバレー……………8
シエラネバダ山脈………………7
湿潤地域…………………………2
ジベレリン……………………111
蒸散………………………………71
硝酸イオン……………………123
蒸散速度…………………………77
蒸散流……………………………72
蒸発散量…………………………1
蒸発量……………………………1
植物細胞…………………………75
植物生育促進根圏細菌………171
尻腐れ症…………………………87
新疆ウイグル自治区……………3
シンク……………………………89
浸透圧……………………………71
浸透圧ストレス…………………70
浸透調節………………………110
浸透ポテンシャル………………73
シンプラスト……………………95
スアエダ・サルサ……………159
スイカ……………………………5
水盤灌漑…………………………19
水和構造…………………………86
スーパーオキシドアニオン……88

スーパーオキシドジスムターゼ	105	中生植物	113
スプリンクラー灌漑	12, 19	超集積植物	156
生物による環境修復	155	直接作用	118
石灰層	43	テーブルビート	119
石こう	149	適合溶質	100, 128
石こう層	43	電解質漏出率	91, 108
石こう要求量	150	電気伝導度	32, 52
節水	60	テンサイ	119
全可溶性塩	31	電子伝達速度	82
センターピボット灌漑	12, 20	天水農業	22
相対水分含量	76	点滴灌漑	21, 60
ソース	89	転流	89
ソーダ質土壌	36, 42, 147	トウガラシ	24
組織間液	117	トウモロコシ	11
ソルガム	22	トコフェロール	108
ソルトン湖	15	土壌 pH	55
		土壌塩性化	39
【た行】		土壌塩類化	27
耐塩性	25, 82	土壌硬度計	47
耐塩性作物	41	土壌侵食	38
ダイズ	11	土壌診断	46
タクラマカン砂漠	3	土壌生成	30
タマリスク	93	土壌断面	31
タリム盆地	5	土壌溶液	50
多量必須元素	83	土壌劣化	27
タンパク質	86	土色	48
団粒構造	149	トマト	24
窒素	122	トランスポーター	96
地表灌漑	19	トレハロース	104
チャド湖	16		
チャネル	96	【な行】	
中国	3	内生菌	174

ナシ……………………………… 113
ナトリウム……………………… 116
ナトリウムイオン……………… 95, 96
ナトリウム吸着比……… 32, 51, 148
ナトリウム粘土層……………………43
ナトリウム粘土層……………… 148
ナトリウム排除能………………99
ナトリック層……………………48
ナミブ………………………………3
二次的塩性土壌…………………40
二次的塩類集積…………… 28, 41

【は行】

パウエル湖………………………13
パタゴニア…………………………3
パパイヤ…………………………24
ハミウリ……………………………5
ハリケーン………………………24
半乾燥地域…………………………1
光受容体…………………………79
非菌根植物……………………… 165
ビスカイノ砂漠……………………8
ヒ素……………………………… 156
必須陽イオン…………………… 118
ヒドロキシラジカル……………88
ヒユ科………………………………6
漂白層……………………………43
表皮細胞……………………… 124
表面剥離法…………………… 139
ヒヨコマメ………………………23
微量必須元素……………………83
広畝灌漑……………………… 137

ファイトアキュミュレーション… 155
ファイトレメディエーション…… 155
風化………………………………30
フーバーダム……………………13
フォトトロピン…………………79
フダンソウ……………………… 121
ブドウ………………………………5
プロリン………………………… 100
分散………………………………37
膨圧………………………………71
ホウレンソウ…………………… 121
ボーダー灌漑……………………19
ホメオスタシス………………… 117
ポリアミン……………………… 111

【ま行】

マイクロ灌漑……………………19
マグネシウム…………………… 119
マンゴー…………………………24
マンニトール…………………… 104
ミード湖…………………………13
水分子……………………………71
水飽和土壌抽出法………………53
水ポテンシャル…………………73
ミゾソバ………………………… 156
ミレット…………………………23
メキシカンティー……………… 121
メキシコ……………………………3
メキシコ北西部生物学研究センター
…………………………………… 157
メラストーマ…………………… 156

【や行】

野外土性……………………49, 63
有機質資材……………………152
有用元素………………………119
陽イオン交換容量………………37
葉内 CO_2 濃度 ………………77

【ら行】

ラッカセイ………………………23

【り】

リーチング………………142, 147
リーチング要求量………………143
リン脂質…………………………103
ルビスコ……………………………77

【わ行】

ワタ…………………………5, 25

持続可能な乾燥地農業のために
―土壌塩類化防止と塩類土壌修復―

定価はカバーに表示してあります。

| 2019年2月20日　1版1刷　発行 | | ISBN978-4-7655-3473-4 C3051 |

	監修者	鳥取大学乾燥地研究センター
	編著者	藤　山　英　保
	発行者	長　　滋　彦
	発行所	技報堂出版株式会社

日本書籍出版協会会員
自然科学書協会会員
土木・建築書協会会員

〒101-0051　東京都千代田区神田神保町1-2-5
電　　話　営　　業　(03)(5217)0885
　　　　　編　　集　(03)(5217)0881
　　　　　Ｆ　Ａ　Ｘ　(03)(5217)0886
振替口座　00140-4-10
http://gihodobooks.jp/

Printed in Japan

Toward Sustainable Dryland Agriculture
― Preventing Salt Accumulation in Soil and Remediating Salt-affected Soil ―

Ⓒ Hideyasu Fujiyama, 2019　　　装幀　ジンキッズ　印刷・製本　昭和情報プロセス

落丁・乱丁はお取り替えいたします。

JCOPY 〈出版者著作権管理機構　委託出版物〉

本書の無断複写は著作権法上での例外を除き禁じられています。複写される場合は，そのつど事前に，出版者著作権管理機構（電話：03-3513-6969，ＦＡＸ：03-3513-6979，e-mail: info@jcopy.or.jp）の許諾を得てください。

◆小社刊行図書のご案内◆

定価につきましては小社ホームページ（http://gihodobooks.jp/）をご確認ください。

乾燥地の水をめぐる知識とノウハウ
―食料・農業・環境を守る水利用・水管理学―

北村義信 著
A5・256頁

【内容紹介】乾燥地は世界の全陸地面積の41％を占め，20億人もの人々が生活している。乾燥地では砂漠化が深刻な問題である。砂漠化の主な原因は過剰耕作，家畜の過剰放牧，森林の破壊，貧弱な灌漑施設とされている。問題解決には，土地の回復，土地の生産性の改善，土地と水資源の保全と管理など持続可能な開発が重要である。本書では，乾燥地の現況を説明し，乾燥地における水利用・管理方法を紹介する。またいくつかの事例をあげつつ，乾燥地をめぐる課題を整理し，適切な灌漑方法を提案する。

水危機への戦略的適応策と統合的水管理

仲上健一 著
A5・126頁

【内容紹介】気候変動の影響に対する緩和策と適応策の有り様が，水資源環境分野に求められるようになった。従来の問題解決型の土木技術方式による対応が疑問視され，いわゆる第三の道が模索される中で，急激な気候変動による影響が顕在化されたことにより，新たなる道が必要となってきた。本書は，水危機に対する認識を鮮明にすることによって，IPCCAR4において指摘された水資源環境影響分析の結果を踏まえつつ，地球温暖化・気候変動による影響への対応策としての適応策を実現することの緊急性について分析し，さらには戦略的適応策の意義を考察することを目的とする。

アジアの流域水問題

砂田憲吾 編著／
CREST アジア流域水政策シナリオ研究チーム 著
A5・316頁

【内容紹介】アジア地域における流域水問題について，地域に相応しい水管理政策シナリオの提示と水管理に関する知識・経験の集約をした書。流域水管理の方針が平均値や標準値で語られるものではない点を重視し，流域の水事情について，自然地理的条件のみならず社会的条件や歴史的経緯などを含めて系統的な考察を進める。典型的，代表的な9つの流域を対象に，時にわが国の河川流域と比較しながら，各流域固有の水問題について構造的な分析を試みる。

自然と共生した流域圏・都市の再生
―流域圏から都市・地域環境の再生を考える―

丹保憲仁 監修／
ワークショップ「自然と共生した流域圏・都市の再生」実行委員会 編著
B5・270頁

【内容紹介】人口の増加，気候の変動に伴い，世界でさまざまな水問題が起こっている。世界の安定と福祉の向上のためには水問題の解決が不可欠である。わが国でも総合科学技術会議において「水・物質循環と流域圏」研究が続けられている。本書は，この研究の一環として行われているワークショップの講演内容をまとめたものである。

技報堂出版　TEL 営業 03(5217)0885 編集 03(5217)0881
FAX 03(5217)0886